21世纪高等学校计算机规划教材

单片机入门与提高
实训教程

SCM Introduction and Improve
Training Tutorial

钟良骥 桂学勤 主编

赵君喆 廖海斌 副主编

人民邮电出版社

北京

图书在版编目（CIP）数据

单片机入门与提高实训教程 / 钟良骥，桂学勤主编
. -- 北京：人民邮电出版社，2014.9
21世纪高等学校计算机规划教材
ISBN 978-7-115-36580-4

Ⅰ. ①单… Ⅱ. ①钟… ②桂… Ⅲ. ①单片微型计算
机－高等学校－教材 Ⅳ. ①TP368.1

中国版本图书馆CIP数据核字(2014)第169734号

内 容 提 要

本书从实际应用入手，以实验过程和实验现象为主导，循序渐进地讲述 51 单片机 C 语言编程方法和
51 单片机的硬件结构和功能应用。全书共分五章，分别为：基础篇、中级篇、提高篇、综合篇、实例篇。
本书内容丰富，实用性强，很多内容来自工程实际应用，许多 C 语言代码可以直接用于项目开发。本书
配备仿真软件电路图和实例代码，可使读者快速掌握单片机知识和应用技能。本书还可提供与本书配套
的单片机开发板。

本书可作为大学本、专科单片机课程教材，适用于 51 单片机的初学者和项目开发的技术人员，也可
供从事电子技术、机电开发、控制系统开发的电子爱好者参考。

◆ 主　　编　钟良骥　桂学勤
　　副 主 编　赵君喆　廖海斌
　　责任编辑　韩旭光
　　责任印制　张佳莹　杨林杰

◆ 人民邮电出版社出版发行　　北京市丰台区成寿寺路 11 号
　　邮编　100164　　电子邮件　315@ptpress.com.cn
　　网址　http://www.ptpress.com.cn
　　北京鑫正大印刷有限公司印刷

◆ 开本：787×1092　1/16
　　印张：11.25　　　　　　　　　2014 年 9 月第 1 版
　　字数：269 千字　　　　　　　2014 年 9 月北京第 1 次印刷

定价：29.80 元

读者服务热线：(010)81055256　印装质量热线：(010)81055316
反盗版热线：(010)81055315

前　言

本书从实际应用着手，以实验过程为主导，由浅入深地讲述 51 单片机在 C 语言开发环境下的使用，通过仿真电路和开发板，熟悉 51 单片机的硬件结构和功能应用。

本书不同于传统单片机理论教材，主要通过实验现象，分析单片机工作原理，加强学习者的动手能力和思维能力。本书内容丰富，实用性强，提供源程序和电路图，使学习者可以很快入手单片机。

本书内容共分五章，分别是：基础篇、中级篇、提高篇、综合篇、实例篇。其中，基础篇主要讲述电子基础、开发环境和仿真环境；中级篇主要讲述单片机的引脚、内部寄存器、存储器、定时计数器、中断等内容；提高篇主要讲述单片机的通信方式、传感器使用、PCB 制版等内容；综合篇侧重讲述单片机的 RFID 应用技术和 NRF 通信技术；案例篇通过两个实际应用，讲述单片机开发的整个流程。

本书由钟良骥负责提纲、前言、中级篇和提高篇，桂学勤负责基础篇，赵君喆负责综合篇，廖海斌负责案例篇。本书最后由钟良骥负责统稿、修订和审核。本书的编写得到戴文华教授、王忠友教授、邹绍华教授、厉阳春院长、卢社阶博士、邓树文老师等的大力支持；得到咸宁市物联网技术研发中心的盛文杰、刘程、迟昆荣、王邦辉、钟金亮、梅杰、张连胜等的帮助，为实验过程付出了辛勤劳动。在此，对他们一并表示衷心的感谢。

由于编者水平有限，错误和疏漏之处在所难免，欢迎广大读者指正，编者邮箱：yifeizlj@163.com。读者如需电路仿真图及源码，可通过该邮箱与编者联系，或直接从人民邮电出版社教学资源网下载。

编者

目 录

第一章
基础篇（工具与软件）

第一节　整板资源介绍

一、实验箱简介

单片机、RFID 二合一实验箱，结合了传统 51 单片机以及现在的射频识别术。板内资源充足，跳线选择灵活，非常适用于教学实验，如图 1-1-1 所示。

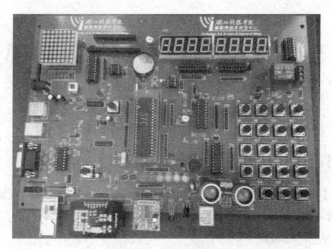

图 1-1-1　实验板整体图

二、板内资源介绍

板内资源主要分为 24 类，如图 1-1-2 所示。

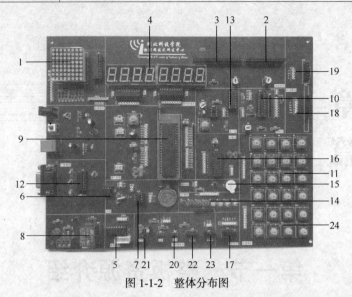

图 1-1-2　整体分布图

①—点阵模块；②—LCD1602 液晶接口；③—LCD12864 液晶接口；④—8 位共阴极数码管；

⑤—L298N 电机驱动模块；⑥—AT24C02 存储芯片；⑦—DS1302 时钟芯片；⑧—继电器模块；

⑨—单片机核心模块；⑩—ADC0804 芯片；⑪—矩阵按键；⑫—MAX232 下载芯片；⑬—MAX813 看门狗电路；

⑭—8 路 LED 显示；⑮—蜂鸣器；⑯—DAC0832 芯片；⑰—NRF24L01 无线传输芯片；

⑱—RC522 高频读卡模块；⑲—U2270B 低频读卡模块；⑳—DS18B20 温度传感器；㉑—红外接收头；

㉒—DHT11 温湿度传感器；㉓—HC-SR04 超声波传感器；㉔—独立按键

第二节　51 单片机简单概述以及内部资源介绍

本书主要以国内外使用得比较多的 51 内核扩展的单片机为主控芯片，也就是通常说的 51 单片机。下面就以 89C51 为典型机介绍芯片的内部硬件资源及相关原理。

一、89C51 单片机外部引脚及其功能

图 1-2-1 和图 1-2-2 所示分别是 89C51 系列的两种封装方式：双列直插式封装（DIP）方式和 44 引脚的方形封装方式。下面分别叙述这些引脚的功能。

1. 电源引脚 V_{cc} 和 GND

V_{cc}（40 脚）：电源端，为+5 V。

GND（20 脚）：接地端。

2. 外接晶体引脚 XTAL1 和 XTAL2

XTAL1（19 脚）：接外部晶体的一端。在 89C51 单片机内部，它是一个反向放大器的输入端。这个放大器构成片内振荡器。当采用外接晶体振荡器时，此引脚应接地。

XTAL2（18 脚）：接外部晶体的另一端。在 89C51 单片机内部，它是一个反向放大器的输出端。当采用外部晶体振荡器时，该引脚接收振荡器的信号。

3. 控制信号引脚 RST、ALE、$\overline{PSEN}$ 和 $\overline{EA}$

RST/V_{pd}（9 脚）：RST 是复位信号输入端，高电平有效。当此输入端保持两个机器周期的高电平时，就可以完成复位操作。复位后，程序计数器 PC=0000H，即复位后单片机从头开始执行程序。

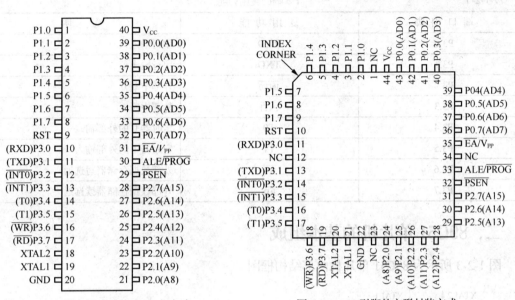

图 1-2-1 双列直插式封装（DIP）方式   图 1-2-2 44 引脚的方形封装方式

ALE/$\overline{PROG}$（30 脚）：地址锁存允许信号端。当单片机正常工作后，ALE 引脚不断向外输出正脉冲信号，此频率为振荡器频率的 1/6。所以，当需要查看单片机是否正常工作的时候可以通过示波器测量该引脚的频率。

$\overline{PSEN}$（29 脚）：程序存储允许输出信号端。当单片机需要从外部程序存储器取指令时，此引脚低电平有效；由于现在单片机的内部程序存储空间足够，所以一般单片机都是从内部 ROM 读取程序，$\overline{PSEN}$ 不做动作。

$\overline{EA}$/Vpp（31 脚）：外部程序存储器地址允许输入端/固化编程电压输入端。

当 $\overline{EA}$ 引脚接高电平时，CPU 只访问片内 ROM，并执行内部程序存储器中的指令；但是当 PC 的值超过 0FFFH（即 4 KB）时，将自动转去执行片外程序存储器中的程序。当 $\overline{EA}$ 引脚接低电平时，CPU 只访问片外 ROM 并执行片外程序存储器的指令，而不管是否有片内程序存储器。

4. 输入/输出端口 P0、P1、P2 和 P3

P0（32～39 脚）：双向 8 位二态 I/O 口，每个口可以单独控制。当 P0 口作为一般 I/O 口时，需要外接 10 kΩ 的上拉电阻。

P1（1～8 脚）：准双向 8 位 I/O 口，每个口可以单独控制，内带上拉电阻。这种接口输出没有高阻态，输入也不锁存。对端口写入 1 时，通过内部上拉电阻把端口拉到高电平，这时可作为输入口。P1 作为输出口时，因为内部有上拉电阻，那些被外部信号拉低的引脚会输出一个电流。

P2（21～28 脚）：准双向 8 位 I/O 口，每个口可以单独控制，内带上拉电阻，与 P1 口相似。

P3（10～17 脚）：准双向 8 位 I/O 口，每个口可以单独控制，内带上拉电阻。作为第一功能使用时，与 P1 口相似。P3 端口复用功能如表 1-2-1 所示。

表 1-2-1　　　　　　　　　　　　　　P3 端口复用功能

端口引脚	复用功能	说　明
P3.0	RXD	串行输入口
P3.1	TXD	串行输出口
P3.2	$\overline{INT0}$	外部中断 0
P3.3	$\overline{INT1}$	外部中断 1
P3.4	T0	定时器 0 的外部输入
P3.5	T1	定时器 1 的外部输入
P3.6	$\overline{WR}$	外部数据存储器写选通
P3.7	$\overline{RD}$	外部数据存储器读选通

二、89C51 单片机的基本组成

图 1-2-3 所示为 89C51 单片机内部结构框图。

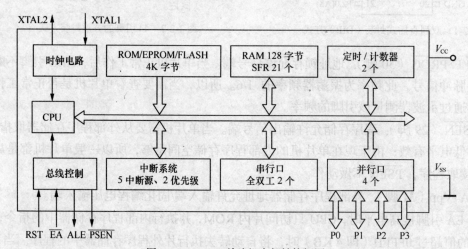

图 1-2-3　89C51 单片机内部结构框图

89C51 单片机包括以下资源。

① 一个 8 位的 80C51 微处理器。

② 片内振荡器和时钟产生电路。但石英晶体和微调电容需要外接，最高允许的振荡频率为 24 MHz。

③ 片内 256 字节的数据存储器 RAM（可以外扩 64 KB），用以存放读/写的数据，如运算的中间结果、最终结果以及与显示的数据。

④ 片内 4 KB 的程序存储器 Flash ROM（可外扩至 64 KB），用以存放程序、一些原始的数据。

⑤ 4 个 8 位并行的 I/O 端口 P0～P3，每个端口既可以作为输出，也可以作为输入。

⑥ 2 个 16 位定时器/计数器。

⑦ 1 个全双工异步串行口，可用于实现单片机与单片机、单片机与 PC 之间的串行通信。

⑧ 具有 5 个中断源、2 个中断优先级的中断系统。

三、89C51 单片机存储器的配置

存储器可以分成两大类，一类是随机存取存储器（RAM），另一类是只读存储器（ROM）。对于 RAM，CPU 在运行时能随时进行数据的写入和读出，但在关闭电源时，其所存储的信息将丢失。所以，它用来存放暂时性的输入/输出数据、运算的中间结果或用作堆栈。ROM 是一种写入信息后不易改写的存储器。断电后，ROM 中的信息保留不变，一般用来存放固定的程序或数据。

在学习 89 系列单片机之前，需要了解两个概念：普林斯顿结构和哈佛结构。

ROM 和 RAM 可以随意安排在一个地址范围里不同的空间，即 ROM 和 RAM 的地址同在一个队列里分配不同的地址空间。CPU 访问存储器时，一个地址对应一个存储单元，可以是 ROM，也可以是 RAM，并用同类访问指令。这种存储器结构即为普林斯顿结构。

89C51 系列单片机的存储器在物理上分为程序存储空间和数据存储空间。这种程序存储空间和数据存储空间分开的存储结构即为哈佛结构。

1. 程序存储器地址空间

89C51 存储器地址空间分为程序存储器（64 KB ROM）和数据存储器（64 KB RAM）。程序存储器通过 16 位程序计数器寻址，寻址能力为 64 KB。这使得指令能够在 64 KB 地址空间里任意跳转，但是不能使程序从程序存储器空间转到数据存储空间。

89C51 片内 ROM 的容量为 4 KB，地址为 0000H～0FFFH；片外最多可以将其扩充到 64 KB，地址为 1000H～FFFFH；片内外统一编址。

89C51 的 EA 引脚为访问内部或外部程序存储器的选择端。接高电平时，CPU 将首先访问内部存储器，当指令地址超过 0FFFH 时，自动转向片外 ROM 去取指令；接低电平时，CPU 只能访问外部程序存储器。外部程序存储器的地址从 0000H 开始编址。程序存储器低端的一些地址被固定用作特定的入口地址，如表 1-2-2 所示。

表 1-2-2　　　　　　　　　　　低端地址的用途

存 储 单 元	作　　用
0000H～0002H	复位后初始化程序引导地址
0003H～000AH	外部中断 0
000BH～0012H	定时器 0 溢出中断
0013H～001AH	外部中断 1
001BH～0022H	定时器 2 溢出中断
0023H～002AH	串行端口中断

2. 数据存储器地址空间

数据存储器 RAM 用于存放运算的中间结果、数据暂存和缓冲、标志位等。89C51 单片机外部存储器空间为 64 KB，地址为 0000H～FFFFH；片内存储器的空间为 256 字节，地址为 0000H～00FFH。可以看出，片外数据存储器与片内存储器地址空间的低地址部分（0000H～00FFH）是重叠的。

片内数据存储器最大可以寻址 256 个单元，这 256 个单元又分为两个部分：低 128 字节（00H～7FH）是真正的 RAM 区；高 128 字节（80H～FFH）为特殊功能寄存器区。

（1）低 128 字节

在 00H～1FH 地址安排的为 4 组工作寄存器，每组有 8 个工作寄存器（R0～R7）。特别的是，在 89 系列单片机的指令系统中，对工作寄存器组后的 16 字节单元（20H～2FH），可用位寻址访问各个位。这些寻址位，通过执行指令可直接对某一位操作，如置位、清零或者判断该位的 1 或者 0 状态。

（2）高 128 字节

在 89C51 片内高 128 字节 RAM 中，设置有 21 个特殊功能寄存器（SFR），它们分布在 80H～FFH 的地址空间中。字节地址能被 8 整除的单元是具有位地址的寄存器，如表 1-2-3 所示。

表 1-2-3 字节地址

SFR	位地址符号（有效 82 个）								字节地址
P0	87H	86H	85H	84H	83H	82H	81H	80H	80H
	P0.7	P0.6	P0.5	P0.4	P0.3	P0.2	P0.1	P0.0	
SP									81H
DPL									82H
DPH									83H
PCON									87H
100H	8FH	8EH	8DH	8CH	8BH	8AH	89H	88H	88H
	TF1	TR1	TF0	TR0	IE1	IT1	IE0	IT0	
TMOD									89H
TL0									8AH
TL1									8BH
TH0									8CH
TH1									8DH
P1	97H	96H	95H	94H	93H	92H	91H	90H	90H
	P1.7	P1.6	P1.5	P1.4	P1.3	P1.2	P1.1	P1.0	
SCON	9FH	9EH	9DH	9CH	9BH	9AH	99H	98H	98H
	SM0	SM1	SM2	REN	TB8	RB8	TI	RI	
SBUF									99H
P2	A7H	A6H	A5H	A4H	A3H	A2H	A1H	A0H	A0H
	P2.7	P2.6	P2.5	P2.4	P2.3	P2.2	P2.1	P2.0	
IE	AFH	—	—	ACH	ABH	AAH	A9H	A8H	A8H
	EA	—	—	ES	ET1	EX1	ET0	EX0	
P3	B7H	B6H	B5H	B4H	B3H	B2H	B1H	B0H	B0H
	P3.7	P3.6	P3.5	P3.4	P3.3	P3.2	P3.1	P3.0	

续表

SFR	位地址符号（有效82个）								字节地址
IP	—	—	—	BCH	BBH	BAH	B9H	B8H	B8H
	—	—	—	PS	PT1	PX1	PT0	PX0	
PSH	D7H	D6H	D5H	D4H	D3H	D2H	D1H	D0H	D0H
	CY	AC	F0	RS1	RS0	0V	—	P	
ACC	E7H	E6H	E5H	E4H	E3H	E2H	E1H	E0H	E0H
	ACC.7	ACC.6	ACC.5	ACC.4	ACC.3	ACC.2	ACC.1	ACC.0	
B	F7H	F6H	F5H	F4H	F3H	F2H	F1H	F0H	F0H
	B.7	B.6	B.5	B.4	B.3	B.2	B.1	B.0	

四、时钟及复位电路

1. 89C51 的常用时钟电路

89C51 芯片内部有一个高增益反向放大器，用于构成振荡器。反向放大器的输入端为 XTAL1，输出端为 XTAL2，两端跨接石英晶体及两个电容可以构成稳定的自激振荡器。其电路如图 1-2-4 所示。

电容器 C1 和 C2 通常取 30pF 左右，可稳定频率并对振荡频率有微调作用。振荡脉冲频率范围一般为 0～24MHz。

2. 89C51 的常用复位电路

单片机与其他微处理器一样，启动时需要复位，使 CPU 及系统各部件处于确定的初始状态，并从初态开始工作。当系统处于正常工作状态时，且振荡器稳定后，如 RST 引脚上有一个高电平并维持 2 个机器周期，则 CPU 就可以响应并将系统初始化。

复位后，PC 将被初始化为 0000H，即单片机从 0000H 单元开始执行程序。此外，在 SFR 中端口寄存器的复位值为 0FFH，堆栈指针值为 07H，SBUF 内为不定值；其余寄存器全部清零。

常用的复位电路如图 1-2-5 所示。在单片机系统中，上电启动的一瞬间，电容瞬间充电，RST 引脚两端的电压升高，完成一次单片机上电复位。在这之后，电容两端的电压持续充电为 5 V，RST 引脚为低电平，所以系统正常工作。当按键按下的时候，开关导通，电容两端形成了一个回路，电容被短路。这个过程中，电容开始释放之前的电量，RST 引脚接到高电平，从而完成按键复位。

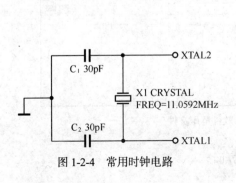

图 1-2-4 常用时钟电路

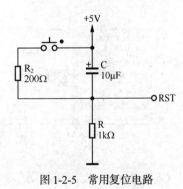

图 1-2-5 常用复位电路

第三节　开发工具和仿真软件的安装和使用

一、实验目的

① 了解开发工具 Keil 和仿真软件 Proteus 的安装和使用。

② 掌握使用 Keil 和 Proteus 的联调。

二、实验步骤

1. Keil 的安装

将 KeilC51V9.00.rar 和 Proteus_HA.rar 解压至当前文件夹，如图 1-3-1 所示。

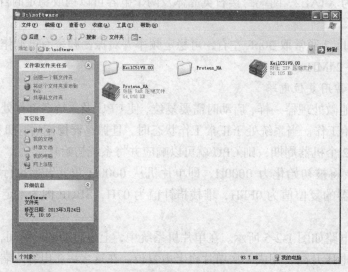

图 1-3-1　解压软件至当前文件夹

打开 Keil 所在文件夹，如图 1-3-2 所示。

图 1-3-2　Keil 软件解压文件

双击 C51V9.00.exe，出现如图 1-3-3 所示界面。

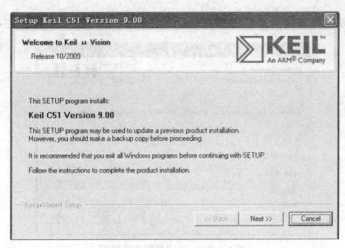

图 1-3-3　Keil 安装第 1 个界面

单击"Next"按钮，如图 1-3-4 所示。

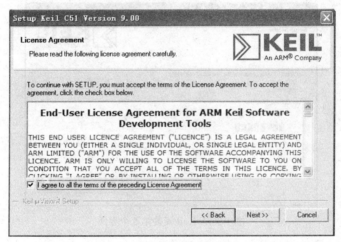

图 1-3-4　Keil 安装第 2 个界面

选择"I agree to…"，单击"Next"按钮，出现如图 1-3-5 所示界面。

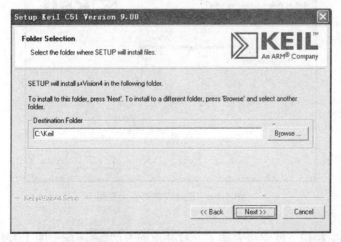

图 1-3-5　Keil 安装第 3 个界面

在这里，可以选择安装目录，选择好后，单击"Next"按钮，如图 1-3-6 所示。

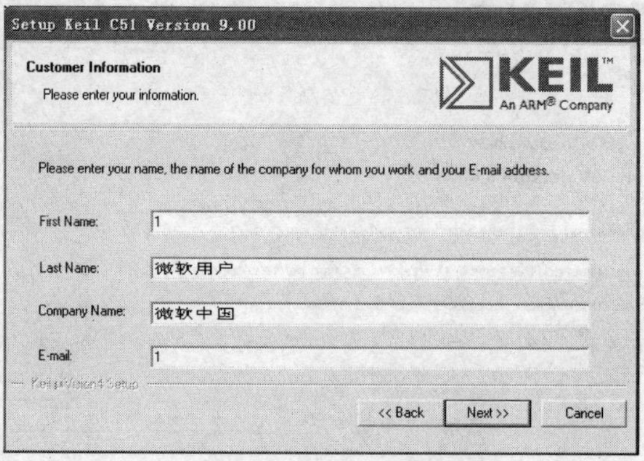

图 1-3-6　Keil 安装第 4 个界面

在图 1-3-6 中，输入任意内容，单击"Next"按钮，如图 1-3-7 所示。

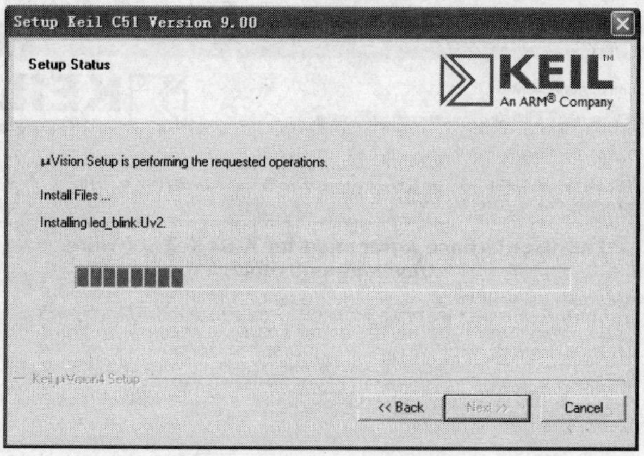

图 1-3-7　Keil 安装第 5 个界面

安装正在进行，安装完成后，提示如图 1-3-8 所示。

图 1-3-8　Keil 安装第 6 个界面

单击"Finish"按钮，就完成安装了。打开桌面上的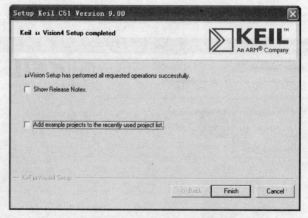图标，图 1-3-9 所示就是 Keil 开

发环境的界面。

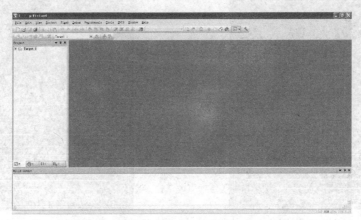

图 1-3-9　Keil 开发环境界面

然后选择"File→License Management"，出现如图 1-3-10 所示界面。

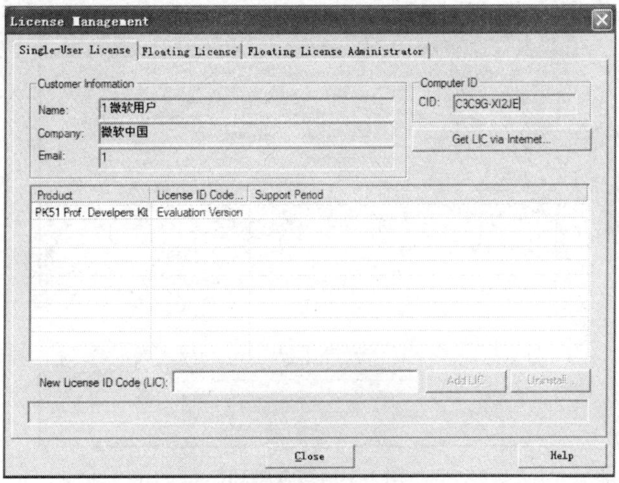

图 1-3-10　Keil 注册界面

复制 CID 选项，然后打开 Keil 软件所在目录的注册机，里面有注册机和使用方法，如图 1-3-11 所示。

图 1-3-11　注册机文件

双击"KEIL_Lic.exe"，打开注册机，如图 1-3-12 所示。

将刚刚复制的 CID 粘贴到 CID 框中，选择"Target"为"C51"，版本为"Prof.Developers Kit/RealView MDK"，单击"Generate"按钮，在最下面的一个框中会出现一个 ID 号，如图 1-3-13 所示，复制这个 ID 号，单击"Exit"按钮。

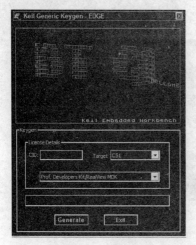 

图 1-3-12　注册机界面　　　　　　　　　　图 1-3-13　获取 LIC 号

　　然后将刚复制的 ID 号粘贴到图 1-3-10 的"Keil→New License ID Code"框中，如图 1-3-14 所示。

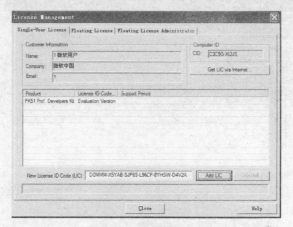

图 1-3-14　添加 LIC

　　单击"Add LIC"按钮，在下面会提示"LIC Added Successfully"，再单击"Close"按钮，到此安装就完成了，如图 1-3-15 所示。

图 1-3-15　添加 LIC 成功

2. Proteus 的安装

将 Proteus 解压至当前文件夹，会解压出 7 个文件，如图 1-3-16 所示。

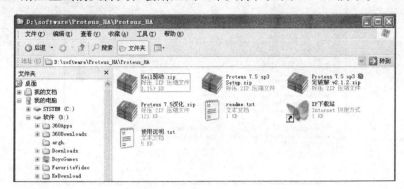

图 1-3-16　Proteus 安装文件

将图 1-3-16 中的 4 个压缩文件解压出来，如图 1-3-17 所示。

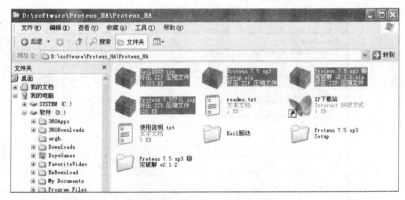

图 1-3-17　Proteus 安装文件的解压

打开"Proteus 7.5 sp3 Setup"文件夹里面的"Proteus 75SP3 Setup.exe"，如图 1-3-18 所示。

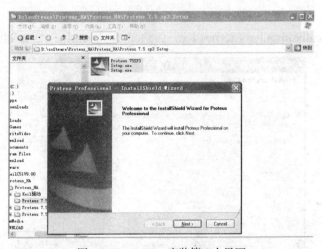

图 1-3-18　Proteus 安装第 1 个界面

单击"Next"按钮，如图 1-3-19 所示。

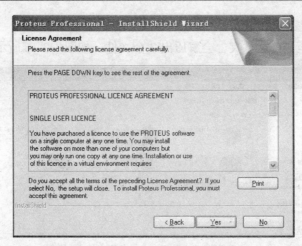

图 1-3-19 Proteus 安装第 2 个界面

单击"Yes"按钮，如图 1-3-20 所示。

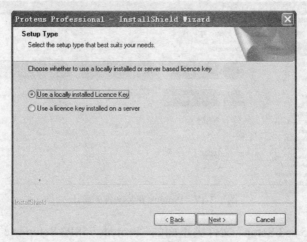

图 1-3-20 Proteus 安装第 3 个界面

选择"Use a locally installed Licence Key"，再单击"Next"按钮，如图 1-3-21 所示。

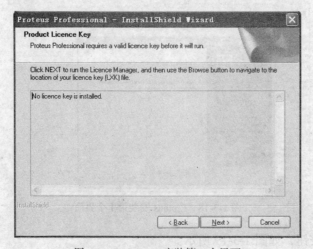

图 1-3-21 Proteus 安装第 4 个界面

然后单击"Next"按钮，如图 1-3-22 所示。

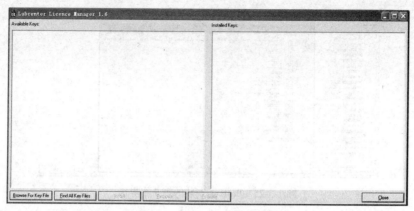

图 1-3-22　Proteus 安装第 5 个界面

单击"Browse For Key File"，选择刚才解压至"Proteus 7.5 sp3 稳定破解 v2.1.2"文件夹下的"Grassington North Yorkshire.lxk"，如图 1-3-23 所示。

图 1-3-23　打开稳定破解文件中的文件

单击"打开"按钮，如图 1-3-24 所示。

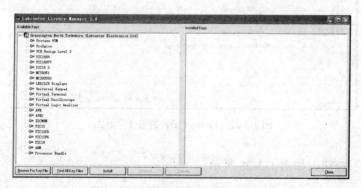

图 1-3-24　Proteus 安装的第 6 个界面

单击"Install"按钮，如图 1-3-25 所示。

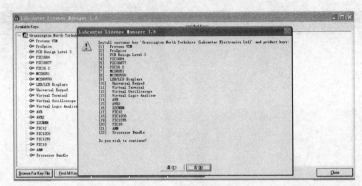

图 1-3-25　Proteus 安装的第 7 个界面

单击"是"按钮，如图 1-3-26 所示。

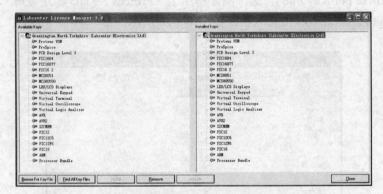

图 1-3-26　Proteus 安装的第 8 个界面

然后单击"Close"按钮，如图 1-3-27 所示。

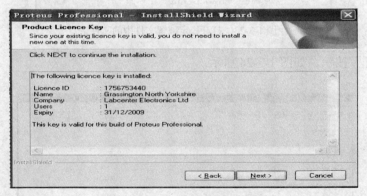

图 1-3-27　Proteus 安装的第 9 个界面

单击"Next"按钮，如图 1-3-28 所示。

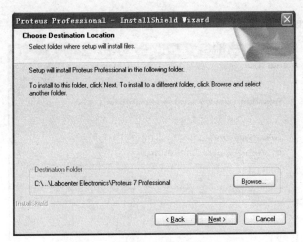

图 1-3-28　Proteus 安装的第 10 个界面

　　在这里可以选择安装目录，若更改了安装路径，应把更改后的路径记下来，待会破解时会用到，选择好后，单击"Next"按钮，如图 1-3-29 所示。

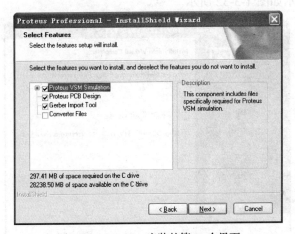

图 1-3-29　Proteus 安装的第 11 个界面

　　单击"Next"按钮，如图 1-3-30 所示。

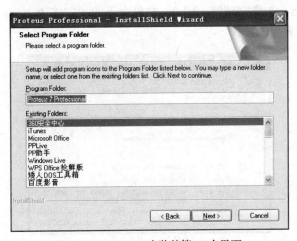

图 1-3-30　Proteus 安装的第 12 个界面

单击"Next"按钮，进入安装，如图 1-3-31 所示。

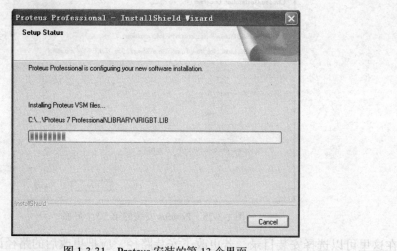

图 1-3-31　Proteus 安装的第 13 个界面

安装完成后，提示如图 1-3-32 所示。

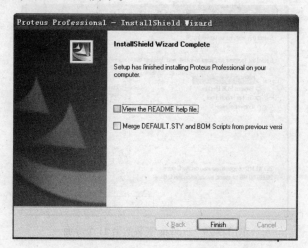

图 1-3-32　Proteus 安装完成

打开"Proteus 7.5 sp3 稳定破解 v2.1.2"文件夹下的"LXK Proteus 7.5 SP3 v2.1.2.exe"，出现如图 1-3-33 所示界面。

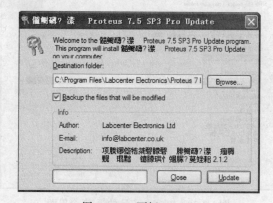

图 1-3-33　更新 Proteus

单击"Update"按钮，会提示更新成功，如图1-3-34所示。

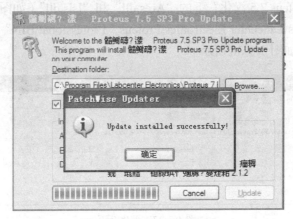

图1-3-34　Proteus更新成功

然后关掉对话框，此时，可以在开始菜单中找到"Proteus 7 Professional"，打开"ISIS 7 Professional"，如图1-3-35所示。

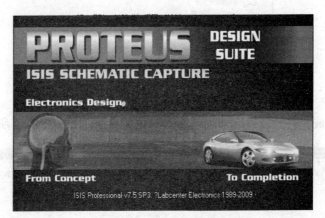

图1-3-35　Proteus开始界面

第一次打开"ISIS 7 Professional"，会提示是否打开例程，如图1-3-36所示。

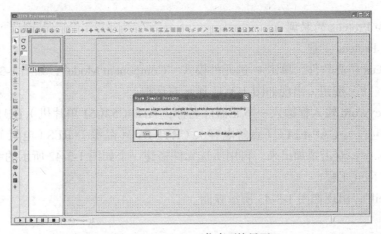

图1-3-36　Proteus仿真环境界面

到这里安装已经完成，但是此版本是英文版，如果想换成中文版，则进行如下操作。

复制文件夹"Proteus 7.5 汉化"下的"Ares.dll"和"Isis.dll"（如图 1-3-37 所示）到安装目录"C:\Program Files\Labcenter Electronics\Proteus 7 Professional\BIN"下，会提示是否覆盖，单击"全部"按钮，如图 1-3-38 所示。

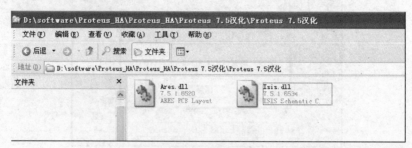

图 1-3-37　汉化补丁

图 1-3-38　汉化补丁的移动

此时，汉化完成，打开软件，即可以看到汉化版界面，如图 1-3-39 所示。

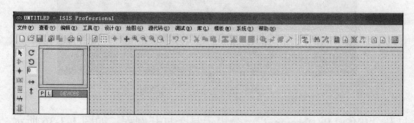

图 1-3-39　汉化版的 Proteus 仿真环境界面

3．Keil 和 Proteus 的联调

（1）建立 Proteus 工程

打开 Proteus 仿真软件，单击 选元件模式"Component Mode"，如图 1-3-40 所示。

然后单击"P"按钮，出现如图 1-3-41 所示对话框。

然后在 Keyword 输入框输入一下元器件名称："AT89C52（51 单片机）、BUTTON（按键）、CAP（非极性电容）、CAP-ELEC（点解电容）、CRYSTAL（晶振）、RES（电阻）、RESPACK-8（排阻）"，并选中，双击添加出来。再用所选元件搭建一个如图 1-3-42 所示的线路图。

（2）建立 Keil 工程

打开"Keil"，出现如图 1-3-43 所示界面。

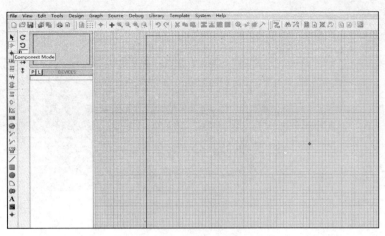

图 1-3-40　选择元件模式

图 1-3-41　选择元器件

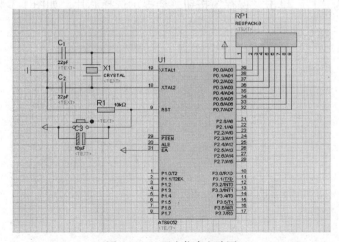

图 1-3-42　画出仿真电路图

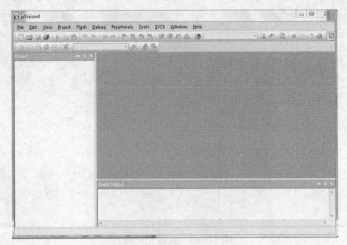

图 1-3-43　Keil 开发环境界面

单击"Project→New μVision Project"按钮，如图 1-3-44 所示。

图 1-3-44　保存 Keil 工程

命名文件名为"1"，单击"保存"按钮，会提示选择芯片，如图 1-3-45 所示。

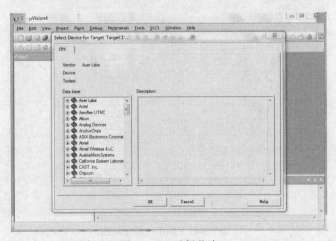

图 1-3-45　选择芯片

然后选择 Atmel 公司的"AT89C52"，如图 1-3-46 所示。

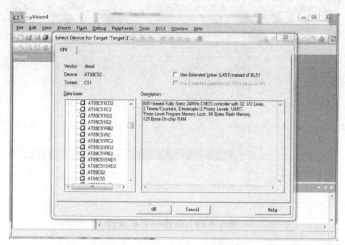

图 1-3-46 选择 Atmel 公司 AT89C52 单片机

单击"OK"按钮，会提示是否添加启动代码，此时可选择也可以不选择，如图 1-3-47 所示。

图 1-3-47 是否添加启动代码

至此，工程就建好了，如图 1-3-48 所示。

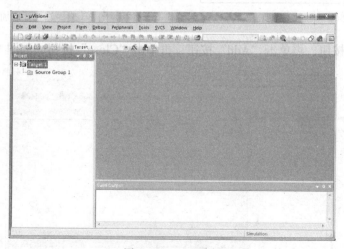

图 1-3-48 工程建好

单击"File→New"按钮，或者单击 空白的快捷方式，此时会产生一个空白文档，保存为"1.c"。

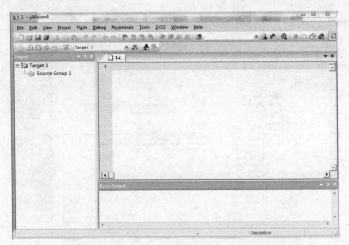

图 1-3-49　新建一个.C 文件

在"Source Group 1"处右击出现如图 1-3-50 所示界面。

选择"Add Files to Group 'Source Group 1'…"，如图 1-3-51 所示。

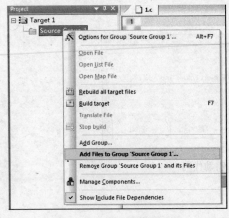

图 1-3-50　追加文件到工程

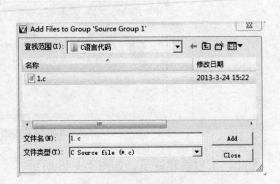

图 1-3-51　选择要添加的文件

单击"1.c"按钮，再单击"Add"按钮，再单击"Close"按钮，如图 1-3-52 所示。

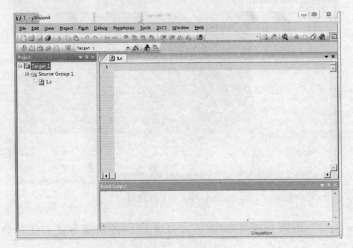

图 1-3-52　工程建好

在"1.c"文件下编写如图 1-3-53 所示代码。

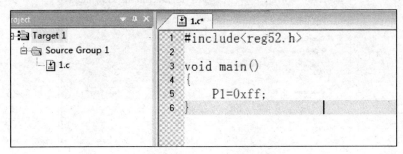

图 1-3-53　编写代码

单击 第 3 个图标，然后编译，在图 1-3-54 所示的对话框中会提示编译完成。

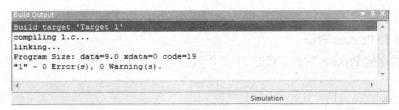

图 1-3-54　编译消息

接下来再单击 第 1 个图标，为该工程设置属性，如图 1-3-55 所示。

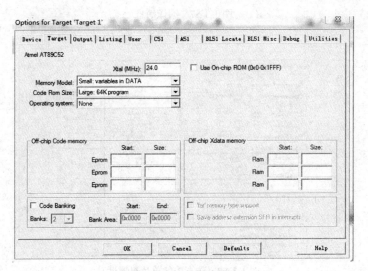

图 1-3-55　工程属性

选择"Output"选项，点选"Create HEX File"，如图 1-3-56 所示。

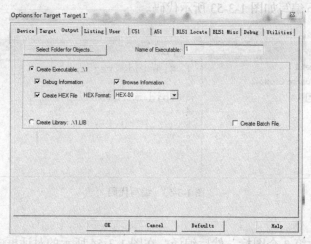

图 1-3-56　选择"Create HEX File"

设置完后，再编译一次，此时编译框会提示生成 HEX 文件，如图 1-3-57 所示。

（3）Keil 和 Proteus 联调

打开刚建立的 Proteus 软件，双击 51 单片机，出现"Edit Component"对话框，如图 1-3-58 所示。

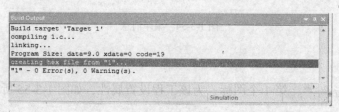

图 1-3-57　编译消息

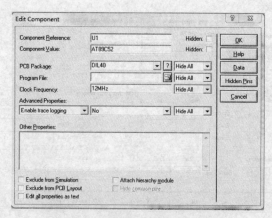

图 1-3-58　仿真中的单片机属性

在"Program File"处单击后面的打开文件夹的图标，选择刚生成的 Hex 文件，如图 1-3-59 所示。

图 1-3-59 选择生成的 hex 文件

选择好后，单击"OK"按钮，此时，已经将生成的目标文件下载至单片机了。然后单击运行图标 ，则可以进行仿真了。

第四节 RFID 技术概论

一、基本概念

射频识别是无线电频率识别（Radio Frequency Identification，RFID）的简称，即通过无线电波进行识别。它通过射频信号自动识别目标对象并获取相关数据，识别工作无须人工干预，可工作于各种恶劣环境。RFID 技术可识别高速运动物体并可同时识别多个标签，操作快捷方便。

短距离射频产品不怕油渍、灰尘污染等恶劣的环境，可在这样的环境中替代条码，例如用在工厂的流水线上跟踪物体。长距离射频产品多用于交通上，识别距离可达几十米，如自动收费或识别车辆身份等。

在具体介绍射频识别技术之前，必须知道以下几个常见的名词。

电子标签：以电子数据形式存储标识物体代码的标签，也叫射频卡。

被动式电子标签：内部无电源、靠接收微波能量工作的电子标签。

主动式电子标签：靠内部电池供电工作的电子标签。

阅读器：用于读取电子标签内的电子数据。

标签冲突：阅读器在同时读取多个标签发射回来的信息会产生标签冲突的问题。

在视频识别系统中，一个非常重要的特征是射频标签的供电。无源的射频标签自己没有电源。因此，无源的射频标签工作用的所有能量必须从阅读器发出的电磁场中取得。与此相反，有源的射频标签包含一个电池，为微型芯片的工作提供全部或部分（"辅助电池"）能量。

射频识别系统的另一个重要特征是系统的工作频率和阅读距离。可以说工作频率与阅读距离是密切相关的，这是由电磁波的传播特性所决定的。通常把射频识别系统的工作频率定义为阅读器读射频标签时发送射频信号所使用的频率。在大多数情况下，把它叫作阅读器发送频率（负载调制、反向散射）。不管在何种情况下，射频标签的"发射功率"要比阅读器发射功率低很多。

射频识别系统阅读器发送的频率基本上划归 3 个范围。

① 低频（30 kHz～300 kHz）。

② 中高频（3 MHz～30 MHz）。

③ 超高频（300 MHz～3 GHz）或微波（>3 GHz）。

根据作用距离，射频识别系统的附加分类如下。

① 密耦合（0～1 cm）。

② 遥耦合（0～1 m）。

③ 远距离系统（>1 m）。

射频识别技术涉及无线低频、高频、特高频和超高频段。在无线电技术中，这些频段技术实现差异很大，因此，射频识别技术的空中接口覆盖了无线电技术的全频段。

二、射频识别的应用系统构架

RFID 应用系统由阅读器、应答器和上层控制系统等部分组成，其结构如图 1-4-1 所示。在最简单的应用系统中只有单个阅读器，它一次对一个应答器操作，较为复杂的应用需要一个阅读器同时对多个应答器进行操作。更为复杂的是上层控制系统让多个阅读器同时用于多个应答器通信。在这种多应答器的系统中，主要解决的是一个读卡冲突问题，也就是当有多个应答器发出应答信号时，阅读器如何分辨这些信号。

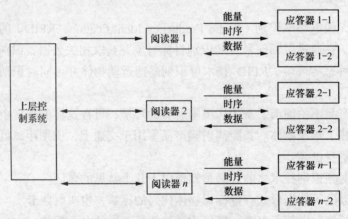

图 1-4-1　RFID 应用系统结构

1. 应答器（射频卡和标签）

（1）应答器的分类

应答器的外形多种多样，如盘形、卡形、条形等，不同的形状适用于不同的场合。根据应答器是否需要加装电池供电的作用，可将应答器分为无源（被动式）、半无源（半被动式）和有源（主动式）应答器 3 种类型。

① 无源应答器

无源应答器不附带电池。在阅读器的阅读范围之外，应答器处于无源状态；在阅读器的阅读范围之内，应答器从阅读器发出射频能量中提取工作所需要的能量。

② 半无源应答器

半无源应答器内装有电池，单电池仅仅起到辅助作用，平时应答器处于休眠状态。当应答器进入阅读器的阅读范围时，受阅读器发射出的射频能量的激励而进入工作状态。

③ 有源应答器

有源应答器的工作电源完全由内部电池供给，同时内部电池能量提供本部分转换为应答器与阅读器通信所需的能量。

（2）应答器的电路的基本结构和作用

应答器电路由天线、编/解码器、电源、解调器、存储器、控制器和负载调制电路组成。其基本结构如图 1-4-2 所示。

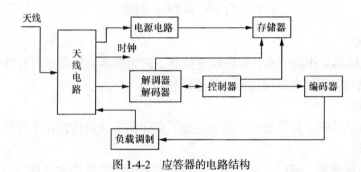

图 1-4-2　应答器的电路结构

① 能量获取

天线电路用于获取射频能量，由电源电路稳压后为应答器电路提供直流工作电压。对于可读可写的应答器，还要提供写入数据时所需要的直流电压。

② 时钟

天线电路获取的载波信号的频率经分频后，分频信号可作为应答器的控制器、存储器、编/解码器等电路工作时所需的时钟信号。

③ 数据的输入输出

从阅读器送来的命令，经过解调、解码电路送至控制器，控制器实现命令所规定的操作；从阅读器送来的数据，经解调、解码后在控制器的管理下写入存储器。

应答器送至阅读器的数据，在控制器的管理下从存储器输出，经编码器、负载调制电路输出。

④ 存储器

RFID 应答器的存储器数据量通常在几字节到几千字节左右，除了固化数据外，还需要支持数据的写入，所以存储器通常使用 EEPOM。

⑤ 控制器

在应答器上加上微控制器可以使应答器更加灵活方便，还增加了应答器的处理能力。

2．阅读器（读写器和基站）

（1）阅读器的功能

阅读器通常具有以下几个功能：①以射频的方式为应答器提供能量。②从应答器中读出的数据或向应答器写入数据。③对应答器传输来的数据进行处理，并与控制器交互信息。

（2）阅读器电路的组成

阅读器电路由微控制器、天线、时钟、发送通道、接收通道组成。其基本结构如图 1-4-3 所示。

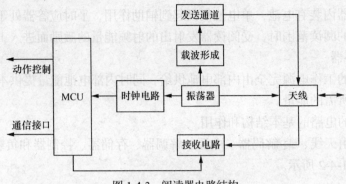

图 1-4-3　阅读器电路结构

① 微控制器

MCU 是阅读器工作的中心，完成收发控制、向应答器发送命令与写数据、应答器数据读取与处理以及与应用层大高层进行通信等任务。

② 发送通道

发送通道包括编码、调制和功率放大电路，用于向应答器传输命令和数据。

③ 接收通道

接收电路包括解调、解码电路，用于接收应答器返回的数据和信息。

④ 天线

阅读器和应答器都需要安装天线，应用天线的目的是为了增强能量和信号的传输效果。

3.　上层控制系统

（1）控制系统的作用

对于独立的应用，阅读器可以完成应用的需求，例如，公交车上阅读器可以实现对公交票卡的验读和收费。但是对于由多阅读器构成网络架构的信息系统，就需要一个上层控制系统来有效地将数据整合加工，从而完成对整个信息的管理和决策。

（2）中间件与网络应用

在现有的 RFID 网络应用中，需要解决的一个问题是怎么让已经具有的系统与 RFID 阅读器连接。于是就有了 RFID 中间件，这是一种介于后端应用程序与 RFID 阅读器之间的独立软件，能够与多个后端应用程序和多个 RFID 阅读器连接。应用程序使用中间件提供的一组通用应用程序接口，就能连接到 RFID 阅读器，读取 RFID 应答器的信息。其网络框图如图 1-4-4 所示。

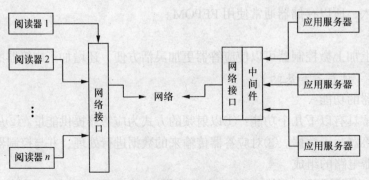

图 1-4-4　中间件与网络应用框图

第二章
中级篇（基本电路）

实验一 点亮 LED 灯实验

一、实验目的

① 掌握 LED 灯的显示原理。

② 学习 P1 口的使用方法。

③ 熟悉 LED 灯的特性及其在生活中的应用。

④ 进一步熟悉仿真图的画法。

二、实验准备

LED（Light Emitting Diode），发光二极管，是一种能够将电能转化为可见光的固态的半导体器件，它可以直接把电转化为光。LED 的心脏是一个半导体的晶片，LED 灯（12 张）晶片的一端附在一个支架上，一端是负极，另一端连接电源的正极，使整个晶片被环氧树脂封装起来。半导体晶片由两部分组成，一部分是 P 型半导体，在它里面空穴占主导地位，另一端是 N 型半导体，在这边主要是电子。但这两种半导体连接起来的时候，它们之间就形成一个 P—N 结。当电流通过导线作用于这个晶片的时候，电子就会被推向 P 区，在 P 区里电子跟空穴复合，然后就会以光子的形式发出能量，这就是 LED 灯发光的原理。而光的波长也就是光的颜色，是由形成 P—N 结的材料决定的。

最初 LED 用作仪器仪表的指示光源，后来各种光色的 LED 在交通信号灯和大面积显示屏中得到了广泛应用，产生了很好的经济效益和社会效益。以 12 英寸的红色交通信号灯为例，在美国本来是采用长寿命，低光效的 140W 白炽灯作为光源，它产生 2000lm 的白光。经红色滤光片后，光损失 90%，只剩下 200lm 的红光。而在新设计的灯中，Lumileds 公司采用了 18 个红色 LED 光源，包括电路损失在内，共耗电 14W，即可产生同样的光效。汽车信号灯也是 LED 光源应用的重要领域，如今，LED 灯应用于更多的领域。

三、硬件连接

准备实验板，并连接好串口下载线与电源线，将 P0 口接在 JP18 上。

四、实验内容

1. 实验任务

让接在 P0 口的 8 个 LED 从上到下循环依次点亮，产生走马灯效果，程序流程图如图 2-1-1 所示。

2. 仿真部分

打开仿真电路图后，将独立按键的.hex 文件下载到单片机芯片里面，查看实验结果，仿真电路图如图 2-1-2 所示。

3. 实物部分

按照"三、硬件连接"连接好电路，打开 STC-ISP 烧录工具，将生成的.hex 文件下载到单片机芯片里面，查看实验结果。

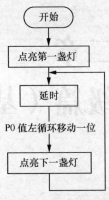

图 2-1-1　程序流程图

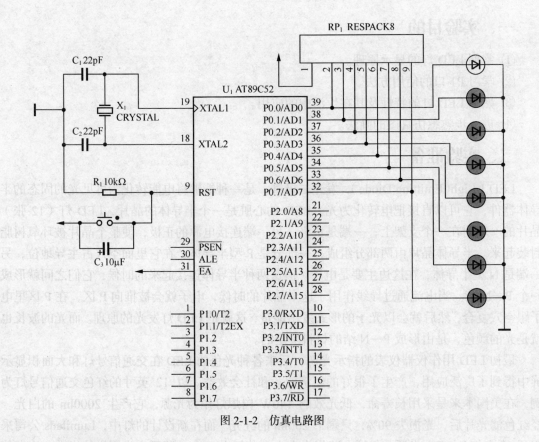

图 2-1-2　仿真电路图

五、内容扩展

利用 RFID 实验箱资源做一个定时器控制交通指示灯，具体代码与仿真见光盘所示。

实验二　继电器实验

一、实验目的

① 掌握用单片机控制继电器的原理和方法。

② 学会编程并理解程序运行，实现继电器控制过程。

二、实验准备

1. 继电器原理

继电器是一种电子控制器件，它具有控制系统（又称输入回路）和被控制系统（又称输出回路）之间的互动关系，通常应用于自动控制电路中。它实际上是用较小的电流去控制较大电流的一种"自动开关"，故在电路中起着自动调节、安全保护、转换电路等作用。电磁式继电器一般由铁芯、线圈、衔铁、触点簧片等组成的。只要在线圈两端加上一定的电压，线圈中就会流过一定的电流，从而产生电磁效应，衔铁就会在电磁力吸引的作用下克服返回弹簧的拉力吸向铁芯，从而带动衔铁的动触点与静触点（常开触点）吸合。当线圈断电后，电磁的吸力也随之消失，衔铁就会在弹簧的反作用力返回原来的位置，使动触点与原来的静触点（常闭触点）吸合。这样吸合、释放，从而达到了在电路中的导通、切断的目的。对于继电器的常开、常闭触点，可以这样来区分：继电器线圈未通电时处于断开状态的静触点，称为常开触点；继电器线圈未通电时处于接通状态的静触点，称为常闭触点。

2. 继电器晶体管驱动原理图

继电器晶体管驱动原理图如图 2-2-1 所示。

继电器驱动原理如下。

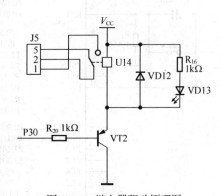

图 2-2-1　继电器驱动原理图

① 当单片机的 IO 引脚输出低电平时，三极管 Q2 饱和导通，+5 V 电源加到继电器线圈两端，继电器吸合，同时状态指示的发光二极管也点亮，继电器的常开触电闭合，相当于开关闭合。

② 当单片机的 IO 引脚输出高电平时，三极管 Q2 截止，继电器线圈两端没有电位差，继电器衔铁释放，同时状态指示的发光二极管也熄灭，继电器的常开触点释放，相当于开关断开。注：在三极管截止的瞬间，由于线圈中的电流不能突变为零，继电器线圈两端会产生一个较高电压的感应电动势，线圈产生的感应电动势则可以通过二极管 D13 释放，从而保护了三极管免被击穿，也消除了感应电动势对其他电路的干扰，这就是二极管 D13 的保护作用。

三、硬件连接

准备好实验板，并连接好串口下载线与电源线。

四、实验内容

程序运行结果为：继电器不停的吸合与打开，LED 灯不停的闪烁。

程序流程图如图 2-2-2 所示。

1. 仿真部分

打开仿真电路图后，将继电器实验的.hex 文件下载到单片机里面，查看实验结果。仿真原理图如图 2-2-3 所示。

2. 实物部分

按照"三、硬件连接"连接好电路，打开 STC-ISP 烧录工具，将生成的.hex 文件下载到单片机里面，查看实验结果。

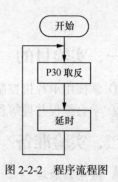

图 2-2-2　程序流程图

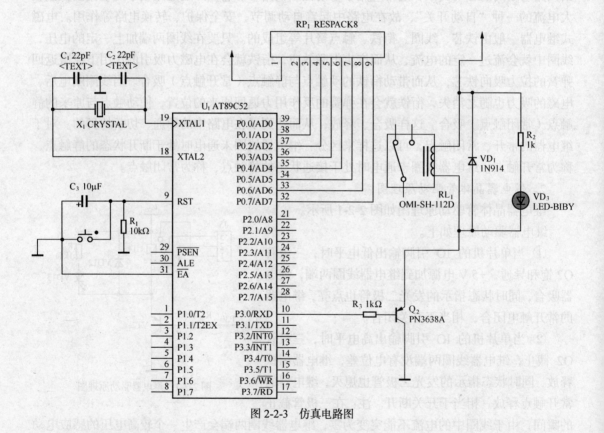

图 2-2-3　仿真电路图

五、内容扩展

利用 RFID 实验箱上的单片机、继电器与 LED，让继电器吸附时灯熄灭，继电器作为开关使用，具体代码与仿真见光盘。

实验三　蜂鸣器实验

一、实验目的

① 学习蜂鸣器的基础知识。

② 进一步掌握如下基础知识：定时器、中断、I/O 扩展电流驱动、蜂鸣器。

③ 掌握用 I/O 驱动中等电流负载的正确方法。

④ 学习如何编写简单的乐曲程序。

二、实验准备

1. 蜂鸣器原理

蜂鸣器是一种一体化结构的电子讯响器件，与扬声器相比，明显优势是体积很小，但缺点是低频响应很差，一般不能很好地产生 200 Hz 以下的低频声音。按制造工艺，蜂鸣器可分为电磁式、压电式等。按功能，蜂鸣器分为有源和无源（这里的"源"不是指电源，而是指振荡源）两大类，也称作直流蜂鸣器和交流蜂鸣器。对直流蜂鸣器，只要加上正向电源（可能需要限流电阻）就能发出一定频率的响声，操作简单，但是只有响与不响两种状态。而交流蜂鸣器需要输入有一定驱动能力的交流信号，需要接在音频输出电路中才能发声，发声频率即交流信号的频率，因此能够发出各种不同音调的响声，可用来演奏简单乐曲。

电磁式蜂鸣器由振荡器、电磁线圈、磁铁、振动膜片、外壳等组成。其发声原理为：接通电源后，振荡器产生的音频信号电流通过电磁线圈，使电磁线圈产生磁场；振动膜片在电磁线圈和磁铁的相互作用下，周期性地振动发声。

蜂鸣器在正常工作时，一般需要数十毫安的驱动电流，这大大超过了 8051 的 I/O 承受能力。对这种中等电流负载的驱动方法，一般可采用晶体管。图 2-3-1 所示是蜂鸣器的典型驱动电路。

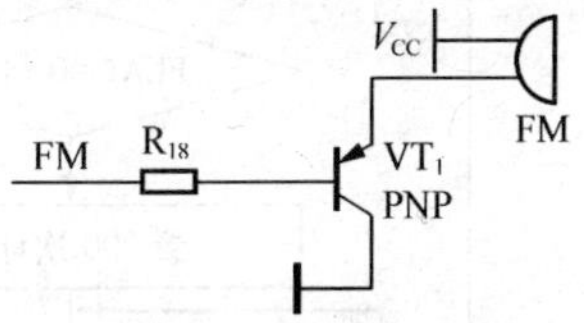

图 2-3-1　蜂鸣器原理图

2. 简单乐曲原理

假如您是一名电子产品研发工程师，如果能够在您设计的产品里加入演奏乐曲的功能，则会让消费者耳目一新，增加一个很好的卖点。利用蜂鸣器演奏简单的乐曲，具有结构简单、体积小、成本低等优势，软件处理起来也不是很复杂。

图 2-3-2 所示为一段简单乐谱。一首乐曲可以看成是由一个一个基本的音符组成。音符是乐曲的基本单元，它有两个要素：发声频率和发声时值。用两个定时器就可以完成演奏一个音符的任务，一个工作于定时中断方式，在中断服务程序里不断翻转控制蜂鸣器的 I/O，以产生规定频率的响声；另一个决定演奏多久，是一个简单的延时应用。把所有音符串接起来演奏，就会形成一支动听的乐曲。在光盘例程中，名为"Sound"的子程序，可以演奏一个音符，而"Play"子程序通过不断调用"Sound"子程序来演奏整个乐曲。

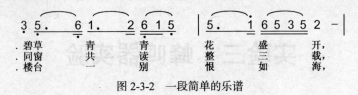

图 2-3-2   一段简单的乐谱

编写简单的乐曲程序，需要懂得一些简单的乐理知识。由于篇幅所限，这里不做详细讲解，如果有兴趣，·请参考相关书籍或网上资料。

三、硬件连接

准备好实验板，并连接好串口下载线与电源线，将 P20 接上蜂鸣器，短接跳线帽 JP17。

四、实验内容

用 P1.0 输出 1 kHz 和 500 Hz 的音频信号驱动扬声器，作报警信号，要求 1 kHz 信号响 100 ms，500 Hz 信号响 200 ms，交替进行，P1.7 接一个开关进行控制，当开关合上响报警信号，当开关断开警告信号停止，编出程序。

1. 信号产生的方法

500 Hz 信号周期为 2 ms，信号电平为每 1 ms 变反 1 次，1 kHz 的信号周期为 1 ms，信号电平每 500 μs 变反 1 次。

程序流程图如图 2-3-3 所示。

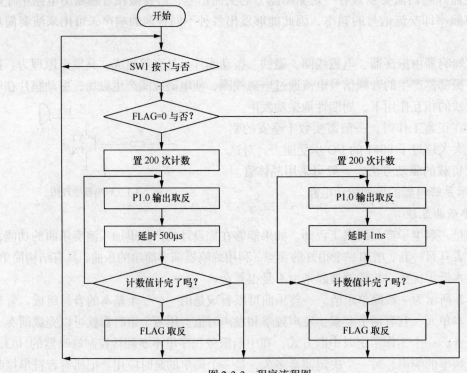

图 2-3-3   程序流程图

2. 仿真部分

打开仿真电路图后，将独立按键的 .hex 文件下载到单片机芯片里面，查看实验结果。仿真原理图如图 2-3-4 所示。

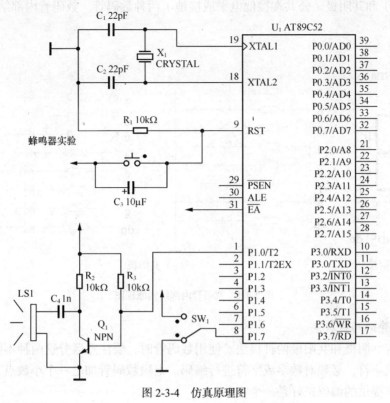

图 2-3-4　仿真原理图

3. 实物部分

按照"三、硬件连接"连接好电路，打开 STC-ISP 烧录工具，将生成的.hex 文件下载到单片机芯片里面，查看实验结果。

五、内容拓展

利用 RIFD 实验箱资源做一个演奏音阶，具体代码与仿真见光盘。

实验四　数码管操作（一）实验

一、实验目的

① 了解数码管内部结构及显示原理。
② 掌握数码管静态显示方式及单片机控制其显示方法。

二、实验原理

1. 数码管的组成

一个数码管有 8 段：a,b,c,d,e,f,g,h,d p，即由 8 个发光二极管组成。因为发光二极管导通的方向是有向的（导通电压一般取为 1.7 V），这 8 个发光二极管的公共端有两种：可以分别接+5 V（即为共阳极数码管）或接地（即为共阴极数码管），故分共阳极（公共端接高电平或+5 V 电压）和共阴极（公共端接低电平或接地）两种数码管。数码管内部结构如图 2-4-1 所示。

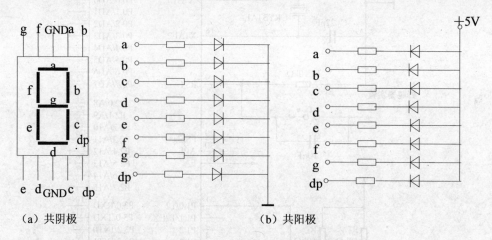

图 2-4-1　数码管内部结构原理图

2. 数码管的两种接法

数码管有共阴极和共阳极两种接法。使用数码管时，要注意区分这两种不同的接法。为了显示数字或字符，必须对数字或字符进行编码。七段数码管加上一个小数点，共计 8 段。因此为数码管提供的编码正好是一个字节。

3. 数码管编码表

（1）共阴极数码管编码表

　　　0x3f，0x06，0x5b，0x4f，0x66，0x6d，
　　　　0　　1　　2　　3　　4　　5
　　　0x7d，0x07，0x7f，0x6f，0x77，0x7c，
　　　　6　　7　　8　　9　　A　　B
　　　0x39，0x5e，0x79，0x71，0x00
　　　　C　　D　　E　　F　　无显示

（2）阳极数码管编码表

　　　0xc0，0xf9，0xa4，0xb0，0x99，0x92，
　　　　0　　1　　2　　3　　4　　5
　　　0x82，0xf8，0x80，0x90，0x88，0x83，
　　　　6　　7　　8　　9　　A　　B
　　　0xc6，0xa1，0x86，0x8e，0x00
　　　　C　　D　　E　　F　　无显示

4. 数码管工作方式

数码管工作方式有两种：静态显示方式和动态显示方式。静态显示的特点是每个数码管的段选必须接一个 8 位数据线来保持显示的字形码。当送入一次字形码后，显示字形可一直保持，直到送入新字形码为止。这种方法的优点是占用 CPU 时间少，显示便于监测和控制；

缺点是硬件电路比较复杂，成本较高。

三、硬件连接

连接好串口下载线与电源线，用排线连接 JP7 与 JP3 口，用杜邦线 P20 接 JP8 的任意一个口，然后用跳线分别接 JP2、JP4、JP5、JP6。

四、实验内容

数码管不停的从 0 到 9 循环显示。程序流程图如图 2-4-2 所示。

1. 仿真部分

打开仿真电路图后，将数码管操作（一）实验的.hex 文件下载到单片机里面，查看实验结果。仿真原理图如图 2-4-3 所示。

2. 实物部分

按照"三、硬件连接"连接好电路，打开 STC-ISP 烧录工具，将生成的.hex 文件下载到单片机里面，查看实验结果。

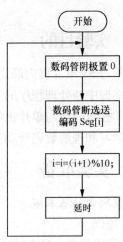

图 2-4-2　程序流程图

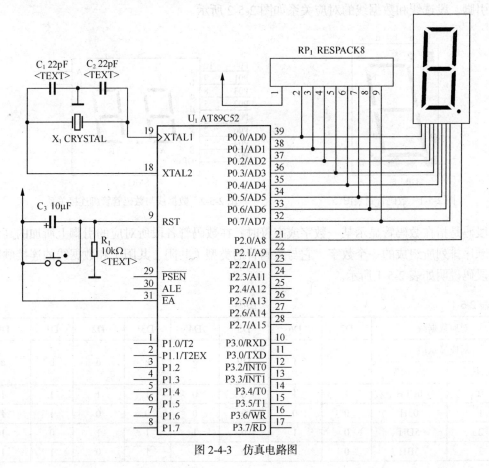

图 2-4-3　仿真电路图

实验五　数码管操作（二）实验

一、实验目的

① 学习 51 单片机内部定时器的使用方法。

② 掌握中断处理程序的方法。

③ 掌握数码管与单片机的连接方法和简单显示编程方法。

④ 学习和理解数码管动态扫描的工作原理。

二、实验准备

1. 数码管的基本概念

（1）段码

数码管中的每一段相当于一个发光二极管，8 段数码管则具有 8 个发光二极管。本次实验使用的是共阴数码管，公共端是 1、6，公共端置 0，则某段选线置 1 相应的段就亮。公共端 1 控制左面的数码管；公共端 6 控制右面的数码管。数码管封装图如图 2-5-1 所示。数码管的引脚、段选线和数据线的对应关系如图 2-5-2 所示。

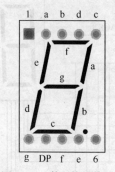

图 2-5-1　数码管封装图

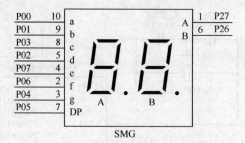

图 2-5-2　数据线与数码管管脚连接关系

段码是指在数码管显示某一数字或字符时，在数码管各段所对应的引脚上所加的高低电平按顺序排列所组成的一个数字，它与数码管的类型（共阴、共阳）和数据线的连接顺序有关。段码说明如表 2-5-1 所示。

表 2-5-1　　　　　　　　　　　　　段码

对应数据线		D7	D6	D5	D4	D3	D2	D1	D0
对应显示段		e	f	DP	g	c	d	b	a
显示数字	段　码								
0	0CFH	1	1	0	0	1	1	1	1
1	03H	0	0	0	0	0	0	1	1
2	5DH	0	1	0	1	1	1	0	1
3	5BH	0	1	0	1	1	0	1	1

续表

对应数据线		D7	D6	D5	D4	D3	D2	D1	D0
对应显示段		e	f	DP	g	c	d	b	a
显示数字	段　码								
4	93H	1	0	0	1	0	0	1	1
5	0DAH	1	1	0	1	1	0	1	0
6	0DEH	1	1	0	1	1	1	1	0
7	43H	0	1	0	0	0	0	1	1
8	0DFH	1	1	0	1	1	1	1	1
9	0DBH	1	1	0	1	1	0	1	1

共阳极：位选为高电平（即 1）选中数码管，各段选为低电平（即 0 接地时）选中各数码段，由 0 到 f 的编码为：uchar code table[]={ 0xc0,0xf9,0xa4,0xb0,0x99,0x92,0x82,0xf8,0x80, 0x90,0x88,0x83,0xc6,0xa1,0x86,0x8e }。

共阴极：位选为低电平（即 0）选中数码管，各段选为高电平（即 1 接地时）选中各数码段，由 0 到 f 的编码为 uchar code table[]={ 0x3f,0x06,0x5b,0x4f,0x66,0x6d,0x7d,0x07, 0x7f, 0x6f,0x77,0x7c,0x39,0x5e,0x79,0x71 }。

（2）位码

位码也叫位选，用于选中某一位数码管。在实验图中要使第一个数码管显示数据，应在公共端 1 上加低电平，即使 P2.7 口为 0，而公共端 6 上加高电平，即使 P2.6 口为 1。位码与段码一样和硬件连接有关。

（3）拉电流与灌电流

单片机的 I/O 口与其他电路连接时，I/O 电流的流向有两种情况：一种是当该 I/O 口为高电平时，电流从单片机往外流，称作拉电流；另一种是该 I/O 口为低电平时，电流往单片机内流，称为灌电流。一般 I/O 的灌电流负载能力远大于拉电流负载能力。对于一般的 51 单片机而言，拉电流最大 4 mA，灌电流为 20 mA。一般在数码管显示电路中采用灌电流方式（用共阳数码管），可以得到更高的亮度。本实验电路中采用拉电流方式（用共阴数码管）。

2. 多位数码管的动态显示

在多位 8 段数码管显示时，为了简化硬件电路，通常将所有位的段选线相应地并联在一起，由一个单片机的 8 位 I/O 口控制，形成段选线的多路复用。而各位数码管的共阳极或共阴极分别由单片机独立的 I/O 口线控制，顺序循环地点亮每位数码管，这样的数码管驱动方式就称为"动态扫描"。在这种方式中，虽然每一时刻只选通一位数码管，但由于人眼具有一定的"视觉残留"，只要延时时间设置恰当，便会感觉到多位数码管同时被点亮了。

多位 8 段 LED 动态显示器电路，其中段选线占用一个 8 位 I/O 口，位选线占用一个 8 位 I/O 口，由于各位的段选线并联，段线码的输出对各位来说都是相同的。因此，同一时刻，如果各位位选线都处于选通状态的话，8 位 LED 将显示相同的字符。若要各位 LED 能够显示出与本位相应的显示字符，就必须采用扫描显示方式，即在某一位的位选线处于选通状态时，其他各位的位选线处于关闭状态，这样，8 位 LED 中只有选通的那一位显示出字符，而其他位则是熄灭的。同样，在下一时刻，只让下一位的位选线处于选通状态，而其他的位选线处于关闭状态。如此循环下去，就可以使各位"同时"显示出将要显示的字符。由于人眼有视觉暂留现象，只要每位显示间隔足够短，则可造成多位同时亮的假象，达到显示的目的。

三、硬件连接

连接好串口下载线与电源线，将 P0 与 JP3 连接，P2 与 JP1 连接，短接跳线帽 JP2、JP4、JP5、JP6。

四、实验内容

8 只数码管滚动显示单个数字。说明：数码管从左到右依次滚动显示 0～7，程序通过每次仅循环选通一只数码管。其实验流程图如图 2-5-3 所示。

1. 仿真部分

打开仿真电路图后，将独立按键的.hex 文件下载到单片机芯片里面，查看实验结果。仿真电路图如图 2-5-4 所示。

2. 实物部分

按照"三、硬件连接"连接好电路，打开 STC-ISP 烧录工具，将生成的.hex 文件下载到单片机芯片里面，查看实验结果。

图 2-5-3 程序流程图

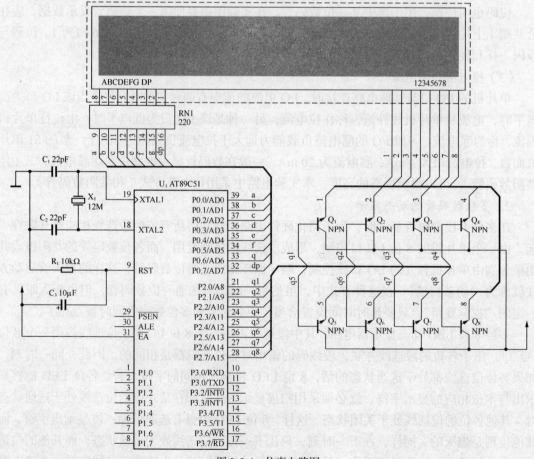

图 2-5-4 仿真电路图

五、内容扩展

利用实验箱上的资源，实现定时器控制数码管动态显示 8 个数码管上分两组动态显示年月日与时分秒，延时需用定时器实现。

定时器说明如下。

内部定时/计数器用作定时器时，是对机器周期计数。每个机器周期的长度是 12 个振荡器周期。当为定时工作方式 1 时，定时时间的计算公式为：

（2^{16}–计数初值）× 晶振周期 ×12 或（2^{16}–计数初值）× 机器周期因为实验系统的晶振 12 MHz，机器周期等于 1 μs。最大定时时间为：

$$(2^{16}-0) \times 1/12 \times 10^{-6} \times 12 = 65\ 536 \times 10^{-6}(s) = 65.536 \text{ ms}$$

所以需要配合软件计数。如要延时 1 s，T0 取最大定时时间，则需要 T0 中断 16 次，所用时间为

$$65\ 536 \times 16 = 1\ 048\ 576 \mu s \approx 1s$$

因此，在 T0 中断处理程序中，要判断中断次数是否到 16 次。若不到 16 次，则只使中断次数加 1，然后返回；若到了 16 次，定时 1 s 时间到。

如要延时 1 s，T0 取 50 ms 定时时间，则需要 T0 中断 20 次，所用时间为

$$50 \text{ ms} \times 20 = 1\ 000 \text{ ms} = 1 \text{ s}$$

因此，在 T0 中断处理程序中，要判断中断次数是否到 20 次。若不到 20 次，则只使中断次数加 1，然后返回；若到了 20 次，定时 1 s 时间到。

实验六　点阵显示实验

一、实验目的

① 了解点阵式 LED 显示原理。

② 掌握单片机与 8×8 点阵块之间接口电路设计及编程。

③ 了解汉字字模生成软件的使用方法。

二、实验准备

1. 基本认识

8×8 点阵屏实物图如图 2-6-1 所示。8×8 点阵屏的内部电路原理图如图 2-6-2 所示。点阵屏有两个类型，一类为共阴极（如图 2-6-2（左）所示），另一类则为共阳极（如图 2-6-2（右）所示）。图 2-6-2 给出了两种类型的内部电路原理及相应的管脚图。

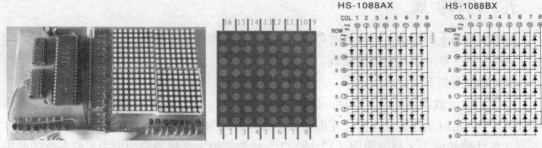

图 2-6-1 8×8点阵屏的实物图   图 2-6-2 点阵原理图

LED 阵列的显示方式是按显示编码的顺序，一行一行地显示。每一行的显示时间大约为 4 ms，由于人类的视觉暂留现象，将感觉到 8 行 LED 是在同时显示的。若显示的时间太短，则亮度不够；若显示的时间太长，将会感觉到闪烁。本文采用低电平逐行扫描，高电平输出显示信号。即轮流给行信号输出低电平，在任意时刻只有一行发光二极管是处于可以被点亮的状态，其他行都处于熄灭状态。

2. 汉字显示（在实验扩展中有所体现）

在 UCDOS 中文宋体字库中，每一个字由 16 行 16 列的点阵组成显示，即国标汉字库中的每一个字均由 256 点阵来表示。我们可以把每一个点理解为一个像素，而把每一个字的字形理解为一幅图像。事实上这个汉字屏不仅可以显示汉字，也可以显示在 256 像素范围内的任何图形。用 8 位的 AT89S52 单片机控制，由于单片机的总线为 8 位，一个字需要拆分为 2 个部分，如图 2-6-3 所示。本电路把它拆分为左部和右部，左部由 16（行）×8（列）点阵组成，右部也由 16（行）×8（列）点阵组成。

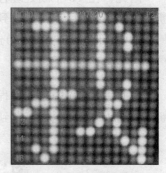

图 2-6-3 点阵应用图

为了让大家更清楚地理解点阵的扫描过程，在这以显示汉字"我"为例，来说明其扫描原理。

单片机首先由 P2 口输出显示数据信号给右部分的第一行，即第一行的 P20 到 P27 口，如图 2-6-3 所示。方向为 P20 到 P27，显示汉字"我"时，P21 点亮，由左到右排，为 P20 灭、P21 亮、P22 灭、P23 灭、P24 灭、P25 灭、P26 灭、P27 灭。即二进制 00000010，转换为 16 进制为 0x02。

右部分的第一行完成后，继续扫描左半部的第一行，为了接线的方便，仍设计成由左往右扫描，即从 P00 向 P07 方向扫描。从图 2-6-3 可以看到，这一行只有 P05、P06 亮，其他灭，即为 00000110，16 进制则为 0x60。然后单片机再次转向右半部第二行，仍为 P21、P23 点亮，为 01010000，即 16 进制 0x0A。这一行完成后继续进行左半部分的第二行扫描，P02、P03、P04 点亮，为二进制 00111000，即 16 进制 0x1C。

依照这个方法，继续进行下面的扫描，一共扫描 32 个 8 位，可以得出汉字"我"的扫描代码为：

0x02,0x60,0x0A,0x1C,0x12,0x10,0x12,0x10,

0x02,0x10,0x7F,0xFF,0x02,0x10,0x12,0x10,

0x14,0x70,0x0C,0x1C,0x04,0x13,0x0A,0x10,

0x49,0x90,0x50,0x10,0x60,0x14,0x40,0x08

由这个原理可以看出，无论显示何种字体或图像，都可以用这个方法来分析出它的扫描代码从而显示在屏幕上。

现在有很多现成的汉字字模生成软件，可以上网下载，查询其使用方法。

三、硬件连接

连接好串口下载线与电源线，将 P0 接上 JP12，P2 接上 JP13，JP11 跳线帽短接。

四、实验内容

LED 点阵实验（左右上下流动显示）程序流程图如图 2-6-4 所示。

1. 仿真部分

打开仿真电路图后，将独立按键的 .hex 文件下载到单片机芯片里面，查看实验结果，仿真电路图如图 2-6-5 所示。

2. 实物部分

按照"三、硬件连接"连接好电路，打开 STC-ISP 烧录工具，将生成的 .hex 文件下载到单片机芯片里面，查看实验结果。

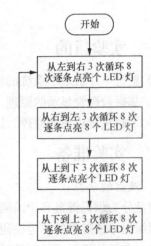

图 2-6-4　功能示意图

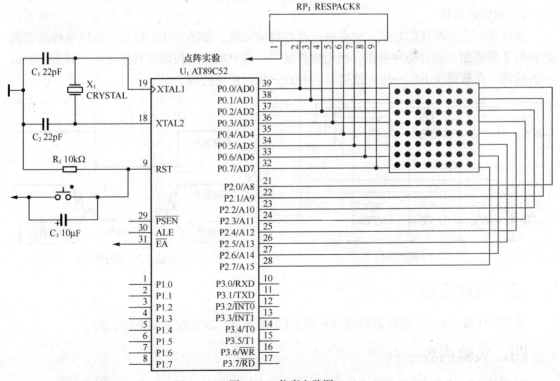

图 2-6-5　仿真电路图

五、内容扩展

利用 RFID 实验箱上的资源，实现 LED 点阵由下向上流动显示"I'心形'U"；LED 点阵由下向上流动显示"欢迎光临"，具体代码与仿真见光盘。

实验七　独立按键实验

一、实验目的

① 熟悉单片机最小系统的组成。
② 掌握数码管显示的原理。
③ 了解按键检测的原理，以及按键消抖的方法。

二、实验准备

1. 键盘的分类

键盘分为编码键盘和非编码键盘。键盘上闭合的键的识别由专门的硬件编码器实现，并产生键编码号或键值的称为编码键盘，如计算机键盘。而靠软件编程来识别的键盘称为非编码键盘。在单片机组成的各种系统中，用得较多的是非编码键盘。非编码键盘又分为独立键盘和行列式键盘。如图 2-7-1 所示，可以看出这块板子上的独立按键 S20、S21、S22、S23 按键的一端共地。如果按键被按下，那么就可以检测到这 4 个端口应该是低电平。

2. 按键的消抖

按键在闭合和断开的时候，会有触点存在抖动现象，如图 2-7-2 所示。所以在检测键盘是否按下都要加上去抖动的操作，利用软件延时：先判断一下按键是否按下？→延迟 10 ms →再检测一次按键按下？→检测按键是否释放→执行相应代码。

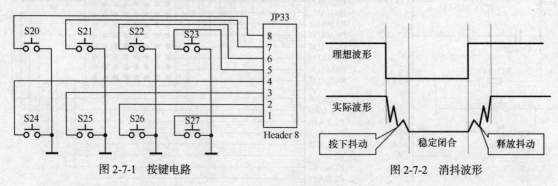

图 2-7-1　按键电路　　　　　　　　　　　图 2-7-2　消抖波形

三、硬件连接

连接 JP1 到 P0 口，连接数码管段选到 P2.0 和 P2.1，连接按键到 P1.0、P1.2。

四、实验内容

程序的运行结果为：按下加键时，数码管显示的值加 1；按下减键时，数码管显示的值减 1。其程序流程图如图 2-7-3 所示。

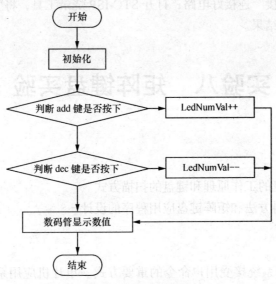

图 2-7-3　程序流程图

1．仿真部分

打开仿真电路图后，将独立按键的.hex 文件下载到单片机里面，查看实验结果。仿真电路图如图 2-7-4 所示。

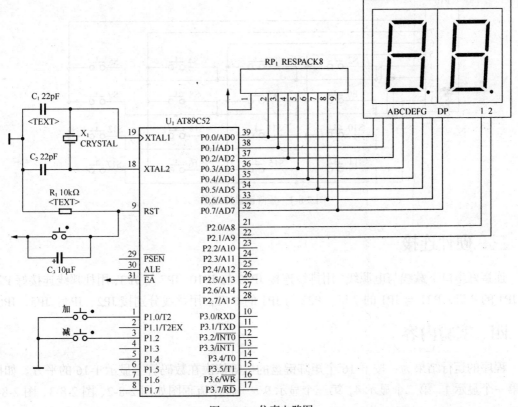

图 2-7-4　仿真电路图

2. 实物部分

按照"三、硬件连接"连接好电路，打开 STC-ISP 烧录工具，将生成的.hex 文件下载到单片机里面，查看实验结果。

实验八　矩阵键盘实验

一、实验目的

① 掌握非编码键盘的工作原理和键盘的扫描方式。
② 掌握键盘的消抖方法和矩阵键盘应用程序的设计。

二、实验准备

键盘是单片机应用系统接受用户命令的重要方式。单片机应用系统一般采用非编码键盘，需要由软件根据键扫描得到的信息产生键值编码，以识别不同的键。本 RFID 实验箱采用 4×4 矩阵键盘，键盘原理图如图 2-8-1 所示。对于键的识别一般采用逐行（列）扫描查询法，判断键盘有无键按下，由单片机 I/O 口向键盘输送全扫描字，然后读入列线状态来判断。

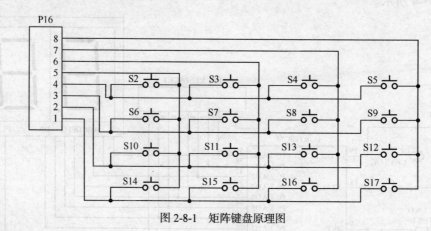

图 2-8-1　矩阵键盘原理图

三、硬件连接

连接好串口下载线与电源线，用排线连接 JP29 与 JP10，JP7 与 JP3；用杜邦线连接好 P20 与 JP1 的 8 口，P21 与 JP1 的 7 口，P22 与 JP1 的 6 口；用跳线分别接 JP2、JP4、JP5、JP6。

四、实验内容

程序的运行结果为：按下 16 个矩阵键盘的按键依次在数码管上显示 1-16 的平方。如按下第一个显示 1，第二个显示 4，第三个显示 9……程序流程图如图 2-8-2、图 2-8-3、图 2-8-4 所示。

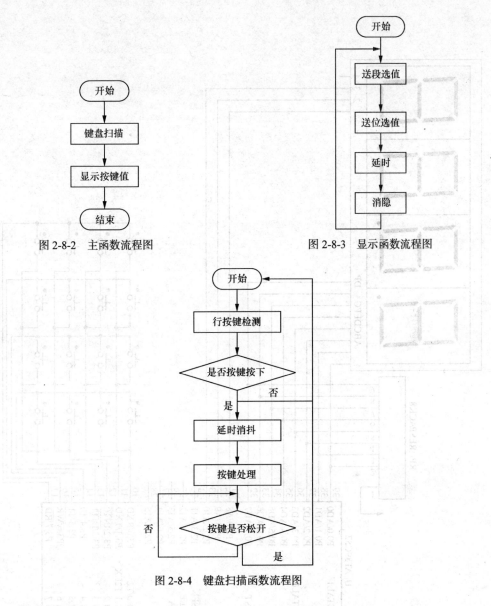

图 2-8-2 主函数流程图

图 2-8-3 显示函数流程图

图 2-8-4 键盘扫描函数流程图

1. 仿真部分

打开仿真电路图后，将矩阵键盘实验的.hex 文件下载到单片机里面，查看实验结果。仿真电路图如图 2-8-5 所示。

2. 实物部分

按照"三、硬件连接"连接好电路，打开 STC-ISP 烧录工具，将生成的.hex 文件下载到单片机里面，查看实验结果。

五、内容扩展

利用实验箱上的单片机、矩阵键盘及数码管做一个简易的电子计算器，具体代码和仿真见光盘。

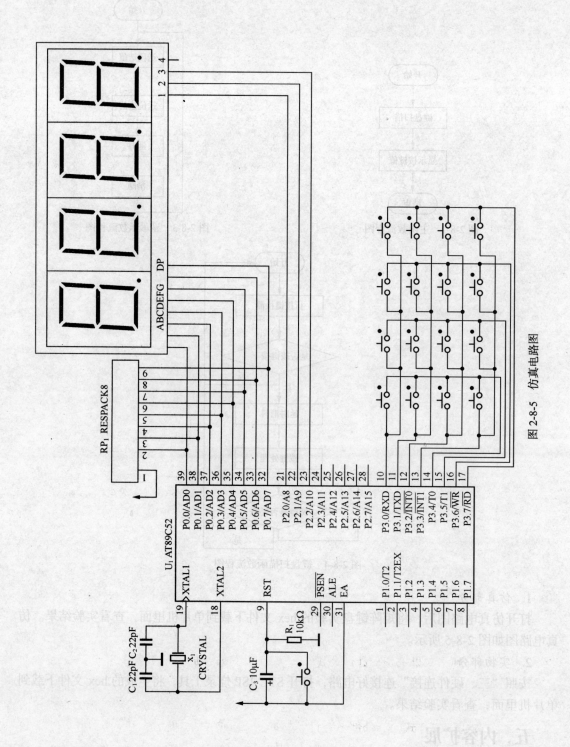

图 2-8-5　仿真电路图

实验九　定时器/计数器实验

一、实验目的

① 掌握单片机定时器/计数器的使用。

② 熟悉单片机定时器/计数器的工作过程及编程。

③ 进一步加深对中断概念的理解。

二、实验准备

1. 定时器/计数器的结构

定时器/计数器的实质是加 1 计数器（16 位），由高 8 位和低 8 位两个寄存器组成。TMOD 是定时器/计数器的工作方式寄存器，确定工作方式和功能；TCON 是控制寄存器，控制 T0、T1 的启动和停止及设置溢出标志。其结构如图 2-9-1 所示。

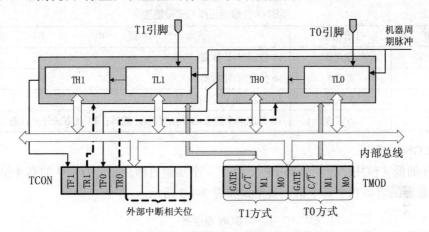

图 2-9-1　定时器/计数器结构

2. 定时器/计数器模式设置

加 1 计数器输入的计数脉冲有两个来源，一个是由系统的时钟振荡器输出脉冲经 12 分频后送来；一个是 T0 或 T1 引脚输入的外部脉冲源。每来一个脉冲计数器加 1，当加到计数器为全 1 时，再输入一个脉冲就使计数器回零，且计数器的溢出使 TCON 中 TF0 或 TF1 置 1，向 CPU 发出中断请求（定时/计数器中断允许时）。如果定时器/计数器工作于定时模式，则表示定时时间已到；如果工作于计数模式，则表示计数值已满。

① 设置为定时器模式时，加 1 计数器是对内部机器周期计数（1 个机器周期等于 12 个振荡周期，即计数频率为晶振频率的 1/12）。计数值 N 乘以机器周期 Tcy 就是定时时间 t。

② 设置为计数器模式时，外部事件计数脉冲由 T0 或 T1 引脚输入到计数器。在每个机器周期的 S5P2 期间采样 T0、T1 引脚电平。当某周期采样到一高电平输入，而下一周期又采样到一低电平时，则计数器加 1，更新的计数值在下一个机器周期的 S3P1 期间装入计数器。由于检测一个从 1 到 0 的下降沿需要 2 个机器周期，因此要求被采样的电平至少要维持一个

机器周期。当晶振频率为 12 MHz 时，最高计数频率不超过 1/2 MHz，即计数脉冲的周期要大于 2 μs。

3. TMOD 寄存器

寄存器 TMOD 用于设置定时/计数器的工作方式，低 4 位用于 T0，高 4 位用于 T1。其格式如表 2-9-1 所示。

表 2-9-1　　　　　　　　　　　　　　　　TMOD 寄存器

位	7	6	5	4	3	2	1	0	
字节地址：89H	GATE	/CT	M1	M0	GATE	/CT	M1	M0	TMOD

GATE：门控位。GATE = 0 时，只要用软件使 TCON 中的 TR0 或 TR1 为 1，就可以启动定时器/计数器工作；GATA = 1 时，要用软件使 TR0 或 TR1 为 1，同时外部中断引脚或也为高电平时，才能启动定时器/计数器工作。即此时定时器的启动多了一个条件。

C/T：定时/计数模式选择位。C/T = 0 为定时模式；C/T=1 为计数模式。

M1M0：工作方式设置位。定时器/计数器有 4 种工作方式，由 M1M0 进行设置，如表 2-9-2 所示。

表 2-9-2　　　　　　　　　　　　定时器/计数器工作方式设置表

M1M0	工作方式	说　　明
00	方式 0	13 位定时/计数器
01	方式 1	16 位定时/计数器
10	方式 2	8 位自动重装定时/计数器
11	方式 3	T0 分成两个独立的 8 位定时/计数器；T1 此方式停止计数

4. TCON 寄存器

TCON 的低 4 位用于控制外部中断，在下一个实验再做介绍。TCON 的高 4 位用于控制定时器/计数器的启动和中断申请。其格式如表 2-9-3 所示。

表 2-9-3　　　　　　　　　　　　　　　　TCON 寄存器

位	7	6	5	4	3	2	1	0	
字节地址：88H	TF1	TR1	TF0	TR0					TCON

TF1（TCON.7）：T1 溢出中断请求标志位。T1 计数溢出时由硬件自动置 TF1 为 1。CPU 响应中断后 TF1 由硬件自动清 0。TF1 也可以用软件置 1 或清 0。

TR1（TCON.6）：T1 运行控制位。TR1 置 1 时，T1 开始工作；TR1 置 0 时，T1 停止工作。TR1 由软件置 1 或清 0。所以，用软件可控制定时器/计数器的启动与停止。

TF0（TCON.5）：T0 溢出中断请求标志位，其功能与 TF1 类同。

TR0（TCON.4）：T0 运行控制位，其功能与 TR1 类同。

5. 定时器/计数器工作方式

① 方式 0 为 13 位计数，由 TL0 的低 5 位（高 3 位未用）和 TH0 的 8 位组成，如图 2-9-2 所示。TL0 的低 5 位溢出时向 TH0 进位，TH0 溢出时，置位 TCON 中的 TF0 标志，向 CPU 发出中断请求。

定时器模式时：$N = t/$Tcy，计数初值计算的公式为：$X=2^{13}-N$。

计数模式时，计数脉冲是 T0 引脚上的外部脉冲。

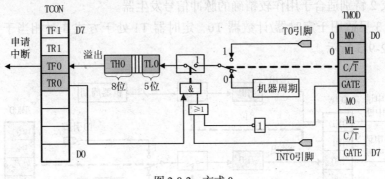

图 2-9-2　方式 0

门控位 GATE 具有特殊的作用。当 GATE=0 时，经反相后使或门输出为 1，此时仅由 TR0 控制与门的开启，与门输出 1 时，控制开关接通，计数开始；当 GATE=1 时，由外中断引脚信号控制或门的输出，此时控制与门的开启由外中断引脚信号和 TR0 共同控制。当 TR0=1 时，外中断引脚信号引脚的高电平启动计数，外中断引脚信号引脚的低电平停止计数。这种方式常用来测量外中断引脚上正脉冲的宽度。

② 方式 1 的计数位数是 16 位，由 TL0 作为低 8 位、TH0 作为高 8 位，组成了 16 位加 1 计数器，如图 2-9-3 所示。

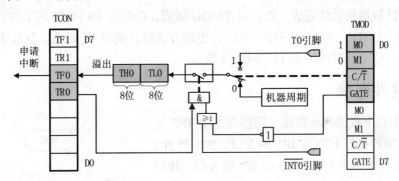

图 2-9-3　方式 1

计数个数与计数初值的关系为：$X=2^{16}-N$。

③ 方式 2 为自动重装初值的 8 位计数方式，如图 2-9-4 所示。

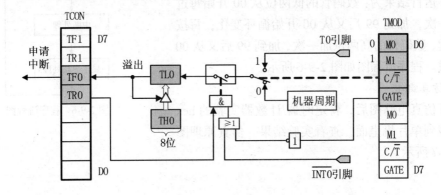

图 2-9-4　方式 2

计数个数与计数初值的关系为：$X=2^8-N$。

工作方式 2 特别适合于用作较精确的脉冲信号发生器。

④ 方式 3 只适用于定时器/计数器 T0，定时器 T1 处于方式 3 时相当于 TR1=0，停止计数，如图 2-9-5 所示。

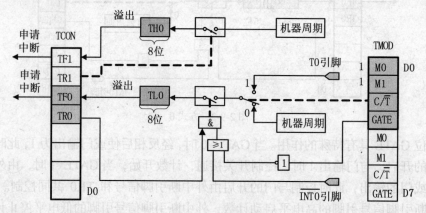

图 2-9-5　方式 3

工作方式 3 将 T0 分成为两个独立的 8 位计数器 TL0 和 TH0。

6. 定时器/计数器初始化

定时器/计数器初始化完成工作：对 TMOD 赋值，以确定 T0 和 T1 的工作方式；计算初值，并将其写入 TH0、TL0 或 TH1、TL1；中断方式时，则对 IE 赋值，开放中断；使 TR0 或 TR1 置位，启动定时器/计数器定时或计数。

三、硬件连接

连接好串口下载线与电源线，用排线连接 JP7 与 JP3；用杜邦线连接好 P20 与 JP1 的 5 口，P21 与 JP1 的 6 口，P22 与 JP1 的 7 口，P23 与 JP1 的 8 口，JP33 的 8 口与 P34；用跳线分别接 JP2、JP4、JP5、JP6。

四、实验内容

程序运行结果为：数码管的低两位从 00 开始每过一秒加一次；加到 99 后又从 00 开始循环变化；每按一下按键，数码管的高两位加一次，加到 99 后又从 00 开始计数。程序流程图如图 2-9-6 所示。

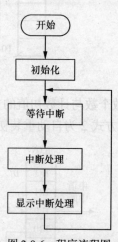

图 2-9-6　程序流程图

1. 仿真部分

打开仿真电路图后，将定时器/计数器实验的.hex 文件下载到单片机里面，查看实验结果。仿真原理图如图 2-9-7 所示。

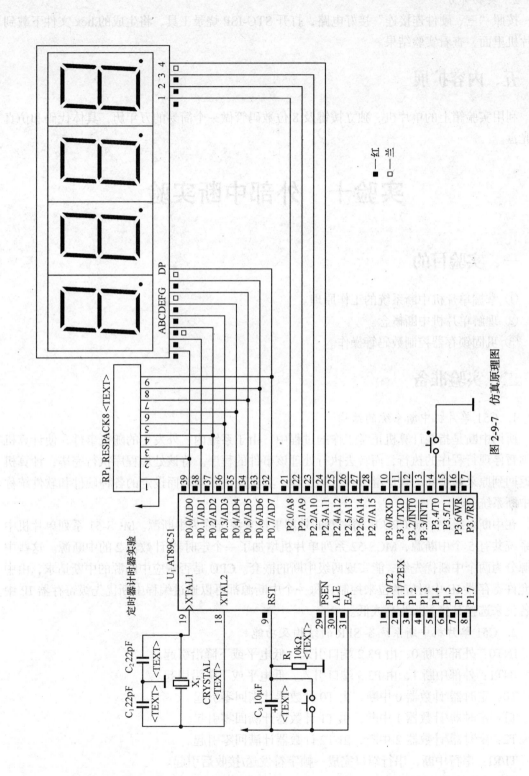

图 2-9-7 仿真原理图

2. 实物部分

按照"三、硬件连接连"接好电路，打开 STC-ISP 烧录工具，将生成的.hex 文件下载到单片机里面，查看实验结果。

五、内容扩展

利用实验箱上的单片机、独立按键及 8 位数码管做一个简易的万年历，具体代码和仿真见光盘。

实验十　外部中断实验

一、实验目的

① 掌握单片机中断系统的工作原理。
② 理解单片机中断概念。
③ 巩固锁存器控制数码管操作。

二、实验准备

1. C51 单片机中断系统的结构

所谓中断是指在计算机正常工作的过程中，由于系统内、外发生的随机事件，使计算机必须暂停现行程序的执行，而转去执行处理该事件的程序。待该处理程序执行完毕，计算机再返回到原来被中断的程序继续执行的过程。为实现中断功能而设定的各种硬件和软件统称为中断系统。

在中断系统中，向 CPU 申请中断的外部事件来源统称为中断源。MCS-51 系列单片机中断系统共有 5 个中断源，MCS-52 系列单片机增加了一个定时器/计数器 2 的中断源。这些中断源分为两个中断优先级，能实现两级中断的嵌套。CPU 是否响应中断源的中断请求，由中断允许寄存器 IE 中对应的位来控制；每一个中断源都可以通过编程中断优先级寄存器 IP 中的各位来选择其优先级为高或低。

2. C51 单片机中断系统各 SFR 的结构及功能

INT0：外部中断 0，由 P3.2 端口引入，低电平或下降沿引起。

INT1：外部中断 1，由 P3.3 端口引入，低电平或下降沿引起。

T0：定时器/计数器 0 中断，由 T0 计数器计满回零引起。

T1：定时器/计数器 1 中断，由 T1 计数器计满回零引起。

T2：定时器/计数器 2 中断，由 T2 计数器计满回零引起。

TI/RI：串行中断，串行端口完成一帧字符发送/接收后引起。

IE：中断允许寄存器。

D7	D6	D5	D4	D3	D2	D1	D0
EA	—	ET2	ES	ET1	EX1	ET0	EX0

EA：中断允许总控制位。EA=0，表示 CPU 禁止所有中断；EA=1 时，表示 CPU 开放中断。

EX0（EX1）：外部中断允许控制位。EX0（EX1）=0，禁止外中断；EX0（EX1）=1，允许外中断。

ET0（ET1）：定时/计数器的中断允许控制位。ET0（ET1）=0，禁止定时/计数器中断；ET0（ET1）=1，允许定时/计数器中断。

ES：串行中断允许控制位。ES=0，禁止串行中断；ES=1，允许串行中断。

IP：中断优先级选择寄存器。

D7	D6	D5	D4	D3	D2	D1	D0
—	—	—	PS	PT1	PX1	PT0	PX0

PX0：外部中断 0 优先级设定位。

PT0：定时器 T0 中断优先级设定位。

PX1：外部中断 1 优先级设定位。

PT1：定时器 T1 中断优先级设定位。

PS：串行中断优先级设定位。

当某一控制位被置 0，则该中断源被定义为低优先级；若被置 1，则该中断源被定义为高优先级。中断优先级控制寄存器 IP 的各个控制位，都可以通过编程来置位或清零。

3. 中断响应及处理

在开中断的情况下，C51 单片机的 CPU 在每一个机器周期的 S_5P_2 状态对中断标志采样，而在下一个机器周期对采样到的中断请求按优先级或优先处理顺序进行查询。如果有中断标志置位，中断系统将由硬件自动在 CPU 内部生成一条长调用（LCALL）指令，控制程序转向对应的中断服务程序执行。

硬件调用中断服务程序时，为了执行完中断服务程序后能返回被中断处继续执行，CPU 会自动将当前的程序计数器 PC 的内容压入堆栈，这个过程通常称为保护现场。在保护现场的同时，把被响应的中断服务程序的入口地址装入 PC，控制程序转向中断服务程序执行。中断服务程序的入口地址又称为中断向量地址。在 C51 单片机中，中断向量地址指向程序存储器，且有各自固定的值。

C51 单片机中断响应的过程是：中断源提出中断请求，CPU 采样到中断请求，标志 CPU 响应中断，自动转向中断向量指向的中断服务程序，执行完毕返回原断点处继续执行主程序。中断流程图如图 2-10-1 所示，中断嵌套流程图如图 2-10-2 所示。

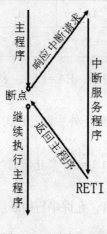
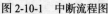

图 2-10-1　中断流程图

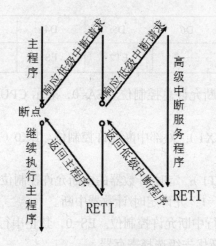

图 2-10-2　中断嵌套流程图

三、硬件连接

连接好串口下载线与电源线，将 P32 口连接独立按键，连接数码管段选 JP3 到 P2 口，连接数码管位选 JP1 到 P0 口。

四、实验内容

程序的运行结果为：按下独立按键 SW1 时，数码管停止计数。程序流程图如图 2-10-3 所示。

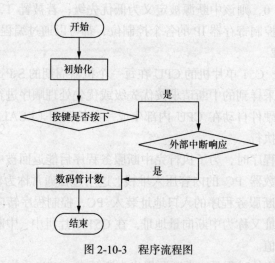

图 2-10-3　程序流程图

1. 仿真部分

打开仿真电路图后，将外部中断实验的.hex 文件下载到单片机里面，查看实验结果（下降沿方式）。仿真电路图如图 2-10-4 所示。

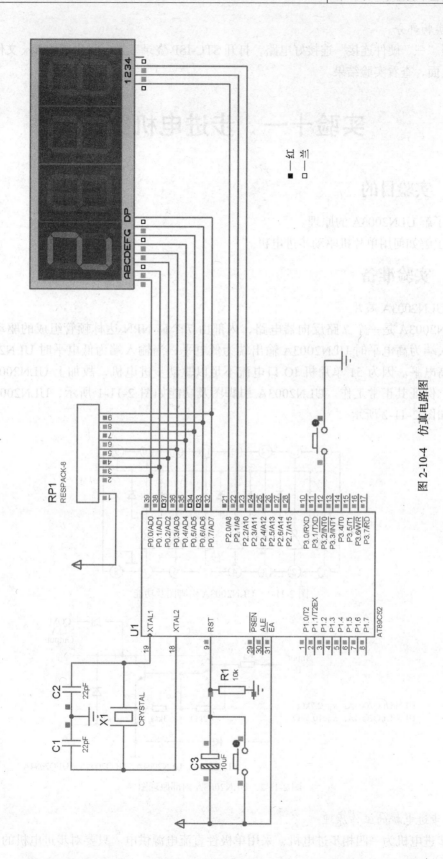

图 2-10-4　仿真电路图

2. 实物部分

按照"三、硬件连接"连接好电路，打开 STC-ISP 烧录工具，将生成的.hex 文件下载到单片机里面，查看实验结果。

实验十一　步进电机实验

一、实验目的

① 了解 ULN2003A 的原理。
② 了解如何用单片机驱动步进电机。

二、实验准备

1. ULN2003A 芯片

ULN2003A 是一个 7 路反向器电路，内部由 7 个硅 NPN 达林顿管组成的驱动芯片，即当输入端为高电平时 ULN2003A 输出端为低电平，当输入端为低电平时 ULN2003A 输出端为高电平。因为 51 单片机 IO 口电流不足以驱动步进电机，故加上 ULN2003A 放大其电流，保证其正常工作。ULN2003A 引脚图及功能如图 2-11-1 所示，ULN2003A 内部原理图如图 2-11-2 所示。

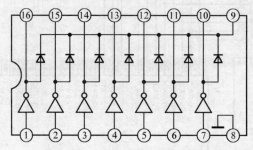

图 2-11-1　ULN2003A 引脚图及功能

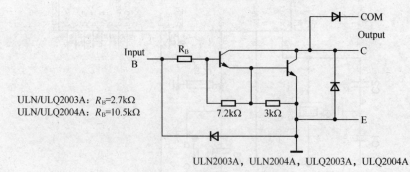

ULN/ULQ2003A：R_B=2.7kΩ
ULN/ULQ2004A：R_B=10.5kΩ

ULN2003A，ULN2004A，ULQ2003A，ULQ2004A

图 2-11-2　ULN2003A 内部原理图

2. 步进电机的工作原理

该步进电机为一四相步进电机，采用单极性直流电源供电。只要对步进电机的各相绕组按合适的时序通电，就能使步进电机步进转动。图 2-11-3 所示为四相反应式步进电机工作原理示意图。

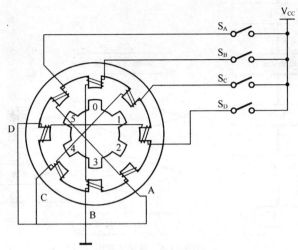

图 2-11-3　四相反应式步进电机工作原理示意图

开始时，开关 S_B 接通电源，S_A、S_C、S_D 断开，B 相磁极和转子 0、3 号齿对齐，同时，转子的 1、4 号齿就和 C、D 相绕组磁极产生错齿，2、5 号齿就和 D、A 相绕组磁极产生错齿。

当开关 S_C 接通电源，S_B、S_A、S_D 断开时，由于 C 相绕组的磁力线和 1、4 号齿之间磁力线的作用，使转子转动，1、4 号齿和 C 相绕组的磁极对齐。而 0、3 号齿和 A、B 相绕组产生错齿，2、5 号齿就和 A、D 相绕组磁极产生错齿。依此类推，A、B、C、D 四相绕组轮流供电，则转子会沿着 A、B、C、D 方向转动。

四相步进电机按照通电顺序的不同，可分为单四拍、双四拍、八拍 3 种工作方式。单四拍与双四拍的步距角相等，但单四拍的转动力矩小。八拍工作方式的步距角是单四拍与双四拍的一半，因此，八拍工作方式既可以保持较高的转动力矩又可以提高控制精度。

三、硬件连接

连接 JP24 到 P0.0，P0.1，P0.2，P0.3。

四、实验内容

程序流程图如图 2-11-4 所示。

1. 仿真部分

打开仿真示例，将步进电机程序生成的 .hex 文件下载进去。

2. 实物部分

按照"三、硬件连接"连接好实物，将程序下载到实验板上，可以看到步进电机先正转，再反转。

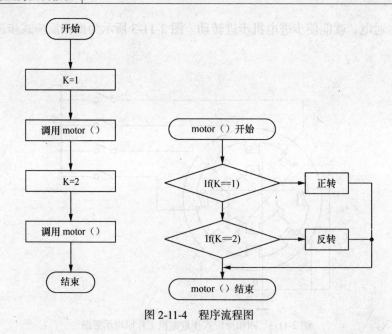

图 2-11-4　程序流程图

五、内容扩展

用实验箱上的资源用独立按键实现点电机的正转、反转、加速、减速。

实验十二　DA/AD（一）实验

一、实验目的

① 熟悉芯片 DAC0832。
② 掌握 DAC0832 控制输出电压的原理。

二、实验准备

1. 数/模转换器基础了解

数/模转换器，又称 D/A 转换器，简称 DAC。它是把数字量转变成模拟的器件。D/A 转换器基本上由 4 个部分组成，即权电阻网络、运算放大器、基准电源和模拟开关。模/数转换器中一般都要用到数模转换器，模/数转换器即 A/D 转换器，简称 ADC，它是把连续的模拟信号转变为离散的数字信号的器件。D/A 转换器品种繁多，有权电阻 DAC、变形权电阻 DAC、T 型电阻 DAC、电容型 DAC 和权电流 DAC 等。D/A 转换器被广泛用于计算机函数发生器、计算机图形显示以及与 A/D 转换器相配合的控制系统等。

DAC0832 是美国资料公司采用 CMOS 工艺研制而成的单片直流输出型 8 位数/模转换器。它由倒 T 型 R-2R 电阻网络、模拟开关、运算放大器和参考电压 VREF 四大部分组成。芯片内带有资料锁存器，可与数据总线直接相连。电路有极好的温度跟随性，使用了 COMS 电流开关和控制逻辑而获得低功耗、低输出的泄漏电流误差。芯片采用 R-2RT 型电阻网络，对参考电流进行分流完成 D/A 转换。转换结果以一组差动电流 I_{OUT1} 和 I_{OUT2} 输出。

DAC0832 主要性能参数包括：① 分辨率 8 位；② 转换时间 1μs；③ 参考电压 ±10 V；④ 单电源+5V～+15v；⑤ 功耗 20 mW。

2. DAC0832 的结构

DAC0832 的内部结构如图 2-12-1 所示。DAC0832 中有两级锁存器，第一级锁存器称为输入寄存器，它的锁存信号为 ILE；第二级锁存器称为 DAC 寄存器，它的锁存信号为传输控制信号 $\overline{XFER}$。因为有两级锁存器，DAC0832 可以工作在双缓冲器方式，即在输出模拟信号的同时采集下一个数字量，这样能有效地提高转换速度。此外，两级锁存器还可以在多个 D/A 转换器同时工作时，利用第二级锁存信号来实现多个转换器同步输出。

图 2-12-1 中 LE 为高电平、$\overline{CS}$ 和 $\overline{WR_1}$ 为低电平时，$\overline{LE_1}$ 为高电平，输入寄存器的输出跟随输入而变化；此后，当 $\overline{WR_1}$ 由低变高时，$\overline{LE_1}$ 为低电平，资料被锁存到输入寄存器中，这时的输入寄存器的输出端不再跟随输入资料的变化而变化。对第二级锁存器来说，$\overline{XFER}$ 和 $\overline{WR_2}$ 同时为低电平时，$\overline{LE_2}$ 为高电平，DAC 寄存器的输出跟随其输入而变化；此后，当 $\overline{WR_2}$ 由低变高时，$\overline{LE_2}$ 变为低电平，将输入寄存器的资料锁存到 DAC 寄存器中。

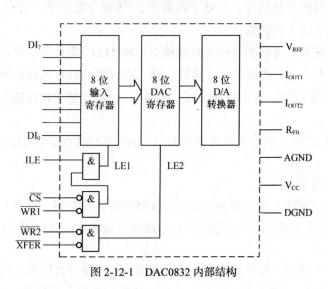

图 2-12-1　DAC0832 内部结构

3. DAC0832 的引脚特性

DAC0832 是 20 引脚的双列直插式芯片。各引脚的特性如下。

$\overline{CS}$——片选信号，和允许锁存信号 ILE 组合来决定 $\overline{WR_1}$ 是否起作用。

ILE——允许锁存信号。

$\overline{WR_1}$——写信号 1，作为第一级锁存信号，将输入资料锁存到输入寄存器（此时，$\overline{WR_1}$ 必须和 $\overline{CS}$、ILE 同时有效）。

$\overline{WR_2}$——写信号 2，将锁存在输入寄存器中的资料送到 DAC 寄存器中进行锁存（此时，传输控制信号 $\overline{XFER}$ 必须有效）。

$\overline{XFER}$——传输控制信号，用来控制 $\overline{WR_2}$。

DI_7～DI_0——8 位数据输入端。

I_{OUT1}——模拟电流输出端 1。当 DAC 寄存器中全为 1 时，输出电流最大；当 DAC 寄存器中全为 0 时，输出电流为 0。

I_{OUT2}——模拟电流输出端 2。$I_{OUT1}+I_{OUT2}$=常数。

R_{FB}——反馈电阻引出端。DAC0832 内部已经有反馈电阻，所以，R_{FB} 端可以直接接到外部运算放大器的输出端。相当于将反馈电阻接在运算放大器的输入端和输出端之间。

V_{REF}——参考电压输入端。可接电压范围为 ± 10 V。外部标准电压通过 V_{REF} 与 T 型电阻网络相连。

V_{CC}——芯片供电电压端。其范围为+5V～+15V，最佳工作状态是+15 V。

AGND——模拟地，即模拟电路接地端。

DGND——数字地，即数字电路接地端。

4. DAC0832 的工作方式

DAC0832 进行 D/A 转换，可以采用两种方法对数据进行锁存。

第一种方法是使输入寄存器工作在锁存状态，而 DAC 寄存器工作在直通状态。具体地说，就是使 $\overline{WR_2}$ 和 $\overline{XFER}$ 都为低电平，DAC 寄存器的锁存选通端得不到有效电平而直通；此外，使输入寄存器的控制信号 ILE 处于高电平、$\overline{CS}$ 处于低电平，这样，当 $\overline{WR_1}$ 端来一个负脉冲时，就可以完成 1 次转换。

第二种方法是使输入寄存器工作在直通状态，而 DAC 寄存器工作在锁存状态。就是使 $\overline{WR_1}$ 和 CS 为低电平，ILE 为高电平，这样，输入寄存器的锁存选通信号处于无效状态而直通；当 $\overline{WR_2}$ 和 XFER 端输入 1 个负脉冲时，使得 DAC 寄存器工作在锁存状态，提供锁存数据进行转换。

根据上述对 DAC0832 的输入寄存器和 DAC 寄存器不同的控制方法，DAC0832 有如下 3 种工作方式。

（1）单缓冲方式

单缓冲方式是控制输入寄存器和 DAC 寄存器同时接收资料，或者只用输入寄存器而把 DAC 寄存器接成直通方式。此方式适用只有一路模拟量输出或几路模拟量异步输出的情形。

（2）双缓冲方式

双缓冲方式是先使输入寄存器接收资料，再控制输入寄存器的输出资料到 DAC 寄存器，即分两次锁存输入资料。此方式适用于多个 D/A 转换同步输出的情节。

（3）直通方式

直通方式是资料不经两级锁存器锁存，即 $\overline{WR_1}$、$\overline{WR_2}$、$\overline{XFER}$、$\overline{CS}$ 均接地，ILE 接高电平。此方式适用于连续反馈控制线路，不过在使用时，必须通过另加 I/O 接口与 CPU 连接，以匹配 CPU 与 D/A 转换。

5. DAC0832 的外部连接

DAC0832 的外部连接线路如图 2-12-2 所示。

6. D/A 转换原理

数字量的值是由每一位的数字权叠加而得的。

D/A 转换器品种繁多，有权电阻 DAC、变形权电阻 DAC、T 型电阻 DAC、电容型 DAC 和权电流 DAC 等。

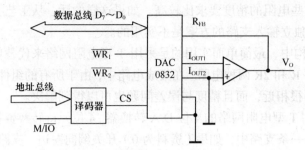

图 2-12-2　DAC0832 的外部连接线路

为了掌握数/模转换原理，必须先了解运算放大器和电阻译码网络的工作原理和特点。

（1）运算放大器

运算放大器有 3 个特点。

① 开环放大倍数非常高，一般为几千，甚至可高达 10 万。在正常情况下，运算放大器所需要的输入电压非常小。

② 输入阻抗非常大。运算放大器工作时，输入端相当于一个很小的电压加在一个很大的输入阻抗上，所需要的输入电流也极小。

③ 输出阻抗很小，所以，它的驱动能力非常大。

（2）由电阻网络和运算放大器构成的 D/A 转换器

利用运算放大器各输入电流相加的原理，可以构成如图 2-12-3 所示的、由电阻网络和运算放大器组成的、最简单的 4 位 D/A 转换器。图 2-12-3 中，V_0 是一个有足够精度的标准电源。运算放大器输入端的各支路对应待转换资料的 D_0，D_1，…，D_{n-1} 位。各输入支路中的开关由对应的数字元值控制，如果数字元为 1，则对应的开关闭合；如果数字为 0，则对应的开关断开。各输入支路中的电阻分别为 R，2R，4R……这些电阻称为权电阻。

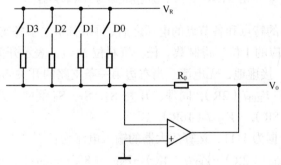

图 2-12-3　4 位 D/A 转换器

假设，输入端有 4 条支路。4 条支路的开关从全部断开到全部闭合，运算放大器可以得到 16 种不同的电流输入。这就是说，通过电阻网络，可以把 0000B～1111B 转换成大小不等的电流，从而可以在运算放大器的输出端得到相应大小不同的电压。如果数字 0000B 每次增加 1，一直变化到 1111B，那么，在输出端就可得到一个 0～V_0 电压幅度的阶梯波形。

（3）采用 T 型电阻网络的 D/A 转换器

从图 2-12-3 可以看出，在 D/A 转换中采用独立的权电阻网络，对于一个 8 位二进制数的 D/A 转换器，就需要 R，2R，4R，…，128R 共 8 个不等的电阻，最大电阻值是最小电阻值的 128 倍，而且对这些电阻的精度要求比较高。如果这样的话，从工艺上实现起来是很困难的。所以，n 个如此独立输入支路的方案是不实用的。

在 DAC 电路结构中，最简单而实用的是采用 T 型电阻网络来代替单一的权电阻网络，整个电阻网络只需要 R 和 2R 两种电阻。在集成电路中，由于所有的组件都做在同一芯片上，电阻的特性可以做得很相近，而且精度与误差问题也可以得到解决。

图 2-12-4 是采用 T 型电阻网络的 4 位 D/A 转换器。4 位元待转换资料分别控制 4 条支路中开关的倒向。在每一条支路中，如果（资料为 0）开关倒向左边，支路中的电阻就接到地；如果（资料为 1）开关倒向右边，电阻就接到虚地。所以，不管开关倒向哪一边，都可以认为是接"地"。不过，只有开关倒向右边时，才能给运算放大器输入端提供电流。

T 型电阻网络中，节点 A 的左边为两个 2R 的电阻并联，它们的等效电阻为 R，节点 B 的左边也是两个 2R 的电阻并联，它们的等效电阻也是 R，依次类推，最后在 D 点等效于一个数值为 R 的电阻接在参考电压 V_{REF} 上。这样，就很容易算出，C 点、B 点、A 点的电位分别为 $-V_{REF}/2$，$-V_{REF}/4$，$-V_{REF}/8$。

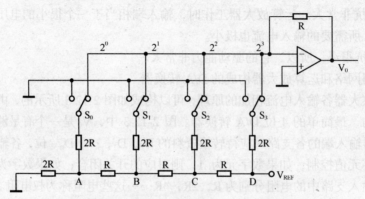

图 2-12-4　采用 T 型电阻网络的 D/A 转换器

在清楚了电阻网络的特点和各节点的电压之后，再来分析一下各支路的电流值。开关 S_3，S_2，S_1，S_0 分别代表对应的 1 位二进制数。任一资料位 $D_i=1$，表示开关 S_i 倒向右边；$D_i=0$，表示开关 S_i 倒向左边，接虚地，无电流。当右边第一条支路的开关 S_3 倒向右边时，运算放大器得到的输入电流为 $-V_{REF}/(2R)$，同理，开关 S_2，S_1，S_0 倒向右边时，输入电流分别为 $-V_{REF}/(4R)$，$-V_{REF}/(8R)$，$-V_{REF}/(16R)$。

如果一个二进制数据为 1111，运算放大器的输入电流为：

$$I=-V_{REF}/(2R)-V_{REF}/(4R)-V_{REF}/(8R)-V_{REF}/(16R)$$
$$=-V_{REF}/(2R)(2^0+2^{-1}+2^{-2}+2^{-3})$$
$$=-V_{REF}/(2^4R)(2^3+2^2+2^1+2^0)$$

相应的输出电压为：

$$V_0=IR_0=-V_{REF}R_0(2^4R)(2^3+2^2+2^1+2^0)$$

将资料推广到 n 位，输出模拟量与输入数字量之间关系的一般表达式为：

$$V_0=-V_{REF}R_0/(2^nR)(D_{n-1}2^{n-1}+D_{n-2}2^{n-2}+\cdots+D_12^1+D_02^0) \qquad (D_i=1 \text{ 或 } 0)$$

上式表明，输出电压 V_0 除了和待转换的二进制数成比例外，还和网络电阻 R、运算放大器反馈电阻 R0、标准参考电压 V_{REF} 有关。

(4) D/A 转换器性能参数

在实现 D/A 转换时,主要涉及下面几个性能参数。

① 分辨率。分辨率是指最小输出电压(对应于输入数字量最低位增 1 所引起的输出电压增量)和最大输出电压(对应于输入数字量所有有效位全为 1 时的输出电压)之比。

例如,4 位 DAC 的分辨率为 $1/(2^4-1)=1/15=6.67\%$(分辨率也常用百分比来表示),8 位 DAC 的分辨率为 $1/255=0.39\%$。显然,位数越多,分辨率越高。

② 转换精度。如果不考虑 D/A 转换的误差,DAC 转换精度就是分辨率的大小,因此,要获得高精度的 D/A 转换结果,首先要选择有足够高分辨率的 DAC。

D/A 转换精度分为绝对和相对转换精度,一般是用误差大小表示。DAC 的转换误差包括零点误差、漂移误差、增益误差、噪声和线性误差、微分线性误差等综合误差。

绝对转换精度是指满刻度数字量输入时,模拟量输出接近理论值的程度。它和标准电源的精度、权电阻的精度有关。相对转换精度指在满刻度已经校准的前提下,整个刻度范围内,对应任一模拟量的输出与它的理论值之差。它反映了 DAC 的线性度。通常,相对转换精度比绝对转换精度更具实用性。

相对转换精度一般用绝对转换精度相对于满量程输出的百分数来表示,有时也用最低位(LSB)的几分之几表示。例如,设 V_{FS} 为满量程输出电压 5 V,n 位 DAC 的相对转换精度为 $\pm 0.1\%$,则最大误差为 $\pm 0.1\%V_{FS}=\pm 5$ mV;若相对转换精度为 $\pm 1/2$LSB,LSB$=1/2^n$,则最大相对误差为 $\pm 1/2n+1V_{FS}$。

③ 非线性误差。D/A 转换器的非线性误差定义为实际转换特性曲线与理想特性曲线之间的最大偏差,并以该偏差相对于满量程的百分数度量。转换器电路设计一般要求非线性误差不大于 $\pm 1/2$LSB。

④ 转换速率/建立时间。转换速率实际是由建立时间来反映的。建立时间是指数字量为满刻度值(各位全为 1)时,DAC 的模拟输出电压达到某个规定值(比如,90%满量程或 $\pm 1/2$LSB 满量程)时所需要的时间。

建立时间是 D/A 转换速率快慢的一个重要参数。很显然,建立时间越大,转换速率越低。不同型号 DAC 的建立时间一般从几个毫微秒到几个微秒不等。若输出形式是电流,DAC 的建立时间是很短的;若输出形式是电压,DAC 的建立时间主要是输出运算放大器所需要的响应时间。

三、硬件连接

连线参照仿真、电路图,如果没有实验箱等资源,本实验数字电压表可以换成 LED 灯,实验期间,观察 LED 灯亮度变化。

四、实验内容

DAC0832 控制输出电压。

1. 仿真部分

打开仿真电路图后,将独立按键的.hex 文件下载到单片机芯片里面,查看实验结果。仿真电路图如图 2-12-5 所示。

2. 实物部分

按照"三、硬件连接"连接好电路,打开 STC-ISP 烧录工具,将生成的.hex 文件下载到单片机芯片里面，查看实验结果。

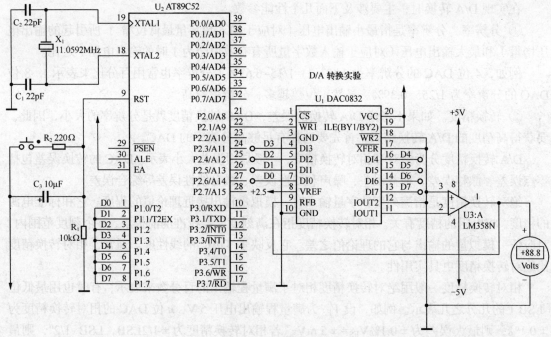

图 2-12-5　仿真电路图

实验十三　DA/AD（二）实验

一、实验目的

① 掌握 A/D 芯片 ADC0804 的接线和转换的基本原理。

② 掌握芯片 ADC0804 的使用。

③ 掌握如何进行外围电路数据采集，并进行 A/D 转换。

二、实验准备

1. A/D 转换

模/数转换就是我们通常所说的 A/D 转换，它将输入的模拟信号（如电压）转换成控制芯片（如单片机，ARM）所能识别的二进制形式，然后经过运算，即可以还原出输入模拟信号的值。A/D 转换是一种非常重要的技术手段，是单片机等控制芯片与外界信号的接口部分。本实验采用的 A/D 芯片为 ADC0804，它是 CMOS 8 位单通道逐次渐近型的模/数转换器。其引脚如图 2-13-1 所示。

2. ADC0804 引脚说明

$\overline{CS}$：芯片片选信号，低电平有效，即 $\overline{CS}$=0，该芯片才能正常工作。在外接多个 ADC0804 芯片时，该信号可以作为选择地址使用，通过不同的地址信号使能不同的 ADC0804 芯片，从而可以实现多个 ADC 通道的分时复用。

$\overline{\text{WR}}$：启动 ADC0804 进行 ADC 采样，该信号低电平有效，即 $\overline{\text{WR}}$ 信号由高电平变成低电平时，触发一次 ADC 转换。

$\overline{\text{RD}}$：低电平有效，即 $\overline{\text{WR}}$ =0 时，可以通过数据端口 DB0～DB7 读出本次的采样结果。

V_{IN}（+）和 V_{IN}（-）：模拟电压输入端，模拟电压输入接 V_{IN}（+）端，V_{IN}（-）端接地。双边输入时 V_{IN}（+）、V_{IN}（-）分别接模拟电压信号的正端和负端。当输入的模拟电压信号存在"零点漂移电压"时，可在 V_{IN}（-）接一等值的零点补偿电压，变换时将自动从 V_{IN}（+）中减去这一电压。

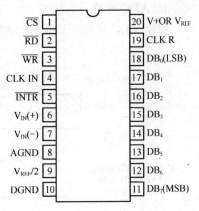

图 2-13-1　ADC0804 引脚

VREF/2：参考电压接入引脚，该引脚可外接电压也可悬空。若外接电压，则 ADC 的参考电压为该外界电压的两倍；如不外接，则 V_{REF} 与 V_{CC} 共用电源电压，此时 ADC 的参考电压即为电源电压 V_{CC} 的值。

CLKR 和 CLKIN：外接 RC 电路产生模数转换器所需的时钟信号，时钟频率 CLK = 1/1.1RC，一般要求频率范围 100 kHz～1.28 MHz。

AGND 和 DGND：分别接模拟地和数字地。

$\overline{\text{INTR}}$：中断请求信号输出引脚，该引脚低电平有效，当一次 A/D 转换完成后，将引起 $\overline{\text{INT}}$ =0。实际应用时，该引脚应与微处理器的外部中断输入引脚相连（如 51 单片机的 INT0，INT1 脚），当产生 $\overline{\text{INT}}$ 信号有效时，还需等待 $\overline{\text{RD}}$ =0 才能正确读出 A/D 转换结果。若 ADC0804 单独使用，则可以将 $\overline{\text{INTR}}$ 引脚悬空。

DB0～DB7：输出 A/D 转换后的 8 位二进制结果。

3. ADC0804 的外围电路

RFID 实验箱 ADC0804 外围电路图如图 2-13-2 所示。

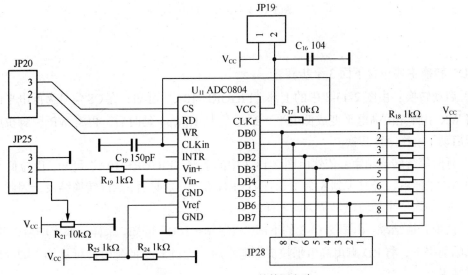

图 2-13-2　ADC0804 的外围电路

4. ADC 转换

控制 ADC 进行正确采样，ADC0804 采样时序图如图 2-13-3 所示。

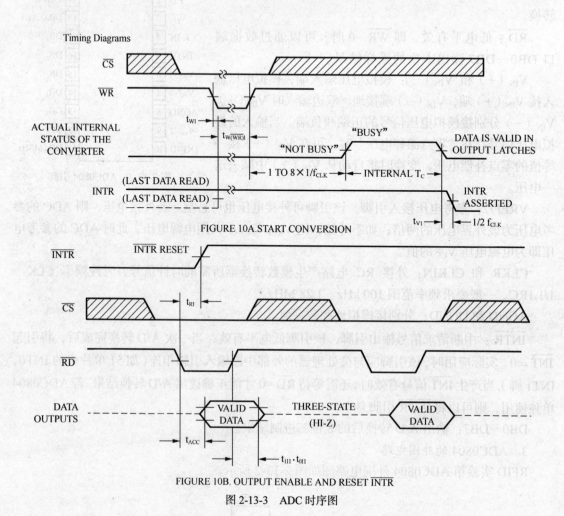

图 2-13-3　ADC 时序图

ADC 转换主要包含下面 3 个步骤。

① 启动转换：由图 2-13-3 中的上部 "FIGURE 10A" 可知，在 $\overline{CS}$ 信号为低电平的情况下，将 $\overline{WR}$ 引脚先由高电平变成低电平，经过至少 $t_{W(WR)I}$ 延时后，再将 $\overline{WR}$ 引脚拉成高电平，即启动了一次 AD 转换。

② 延时等待转换结束：依然由图 2-13-3 中的上部 "FIGURE 10A" 可知，由拉低 $\overline{WR}$ 信号启动 AD 采样后，经过 1 到 8 个 Tclk+INTERNAL Tc 延时后，AD 转换结束，因此，启动转换后必须加入一个延时以等待 AD 采样结束。

③ 读取转换结果：由图 2-13-3 的下部 "FIGURE 10B" 可知，采样转换完毕后，再 $\overline{CS}$ 信号为低的前提下，将 $\overline{RD}$ 脚由高电平拉成低电平后，经过 t_{ACC} 的延时即可从 DB 脚读出有效的采样结果。

三、硬件连接

连接好串口下载线与电源线，用排线连接 JP7 与 JP3；用杜邦线连接好 P20 与 JP1 的 6 口，P21 与 JP1 的 7 口，P22 与 JP1 的 8 口，然后用跳线冒分别接 JP2、JP4、JP5、JP6；用排线连接 JP28 与 JP8，用杜邦线连接 JP20 的 CS 与 P35，JP20 的 P37，JP20 的 RW 与 P36，用跳线冒短接 JP25 的 1 与 2，JP19 的 1 与 2。

四、实验内容

程序的运行结果为：拧动电位器，在数码管显示 0～255 的数值。程序流程图如图 2-13-4 所示。

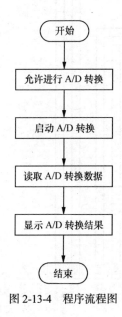

图 2-13-4　程序流程图

1. 仿真部分

打开仿真电路图后，将 DA/AD（二）实验的.hex 文件下载到单片机里面，查看实验结果。仿真原理图如图 2-13-5 所示。

2. 实物部分

按照"三、硬件连接"连接好电路，打开 STC-ISP 烧录工具，将生成的.hex 文件下载到单片机里面，查看实验结果。

五、内容扩展

利用 RFID 实验箱上的 AD 芯片做一个 5 V 电压表，具体代码与仿真见光盘。

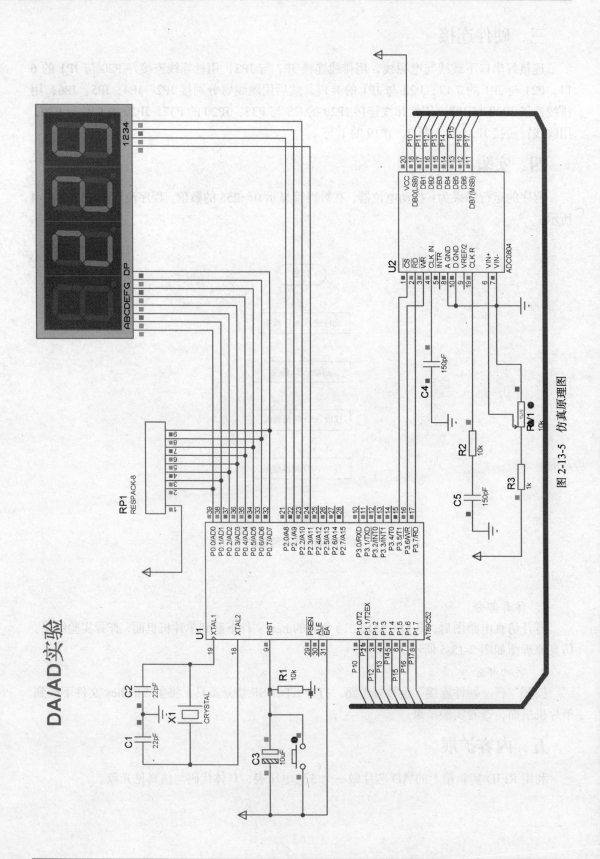

图 2-13-5 仿真原理图

实验十四　LCD1602 使用实验

一、实验目的

① 学习字符型 LCD 的显示原理。

② 学习掌握字符型 LCD 显示字符的用法。

③ 利用 LCD1602、speaker、按钮做闹钟。

二、实验准备

1. LCD1602 液晶基础

1602 液晶也叫 1602 字符型液晶，它是一种专门用来显示字母、数字、符号等的点阵型液晶模块。它由若干个 5×7 或 5×11 等点阵字符位组成，每个点阵字符位都可以显示一个字符，每位之间有一个点距的间隔，每行之间也有间隔，起到了字符间距和行间距的作用，正因为如此它不能很好地显示图形（用自定义 CGRAM，显示效果也不好）。1602LCD 是指显示的内容为 16×2，即可以显示两行，每行 16 个字符液晶模块（显示字符和数字）。

LCD 本身不发光，是通过借助外界光线照射液晶材料而实现显示的被动显示器件，可以显示各种文字、数字、图形。

2. LM016L 说明

LM016L 为字符型液晶显示器 LCD，其图形符号、引脚及属性如图 2-14-1 所示。

引脚说明如下。

① 数据线 D7～D0。

② 控制线（有 3 根：RS、RW、E）。

③ 1 根地线 V_{ss}。

④ 两根电源线（V_{DD}、V_{EE}）。

LM016L 的属性设置如下。

① 每行的字符数为 16，行数为 2。

② 时钟为 250 kHz。

③ 行 1 的字符地址为 80H～8FH。

④ 行 2 的字符地址为 C0H～CFH。

3. LCD1602 液晶内部模块及指令

LCD1602 实物图如图 2-14-2 所示。

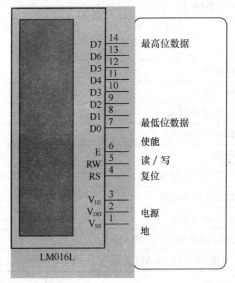

图 2-14-1　LCD 图形符号和引脚

图 2-14-2　LCD1602 实物图

字符型 LCD 通常有 14 条引脚线或 16 条引脚线的 LCD，多出来的 2 条线是背光电源线 V_{CC}（15 脚）和地线 GND（16 脚），其控制原理与 14 脚的 LCD 完全一样。引脚说明如表 2-14-1 所示。

表 2-14-1　　　　　　　　　　　　　　　　　引脚说明

编号	符号	引 脚 说 明	编号	符号	引 脚 说 明
1	V_{SS}	电源地	9	D2	Data I/O
2	V_{DD}	电源正极	10	D3	Data I/O
3	VL	液晶显示偏压信号	11	D4	Data I/O
4	RS	数据/命令选择端（H/L）	12	D5	Data I/O
5	R/W	读/写选择端（H/L）	13	D6	Data I/O
6	E	使能信号	14	D7	Data I/O
7	D0	Data I/O	15	BLA	背光源正极
8	D1	Data I/O	16	BLK	背光源负极

LCD1602 液晶模块内部的字符发生存储器已经存储了 160 个不同的点阵字符图形，这些字符图有：阿拉伯数字、英文字母的大小写、常用的符号和日文假名等，每一个字符都有一个固定的代码，比如大写的英文字母 "A" 的代码是 01000001B（41H），显示时模块把地址 41H 中的点阵字符图形显示出来，我们就能看到字母 "A"。LCD1602 液晶模块内部的控制器共有 11 条控制指令，如表 2-14-2 所示。

表 2-14-2　　　　　　　　　　　　　　　　　指令说明

指 令	RS	R/W	D7	D6	D5	D4	D3	D2	D1	D0
清显示	0	0	0	0	0	0	0	0	0	1
光标返回	0	0	0	0	0	0	0	0	1	*
置输入模式	0	0	0	0	0	0	0	1	I/D	S
显示开/关控制	0	0	0	0	0	0	1	D	C	B
光标或字符移位	0	0	0	0	0	1	S/C	R/L	*	*
置功能	0	0	0	0	1	DL	N	F	*	*
置字符发生存储器地址	0	0	0	1	字符发生存储器地址					
置数据存储器地址	0	0	1	显示数据存储器地址（ADD）						
读忙标志或地址	0	1	BF	计数器地址（AC）						
写数到 CGRAMD 或 DRAM	1	0	要写入的数据							
从 CGRAMD 或 DRAM 读数	1	1	读出的数据							

它的读写操作、屏幕和光标的操作都是通过指令编程来实现的（说明：1 为高电平，0 为低电平）。

指令 1：清显示，指令码 01H，光标复位到地址 00H 位置。

指令 2：光标复位，光标返回到地址 00H。

指令 3：光标和显示模式设置。I/D：光标移动方向，高电平右移，低电平左移。S：屏幕上所有文字是否左移或者右移。高电平表示有效，低电平则无效。

指令 4：显示开关控制。D：控制整体显示的开与关，高电平表示开显示，低电平表示关显示。C：控制光标的开与关，高电平表示有光标，低电平表示无光标。B：控制光标是否闪烁，高电平闪烁，低电平不闪烁。

指令5：光标或显示移位 S/C。高电平时移动显示的文字，低电平时移动光标。

S/C	R/L	设定情况
0	0	光标左移1格，且AC值减1
0	1	光标右移1格，且AC值加1
1	0	显示器上字符全部左移一格，但光标不动
1	1	显示器上字符全部右移一格，但光标不动

指令6：功能设置命令。

DL：低电平时为4位总线，高电平时为8位总线。

N：低电平时为单行显示，高电平时双行显示。

F：低电平时显示 5×7 的点阵字符，高电平时显示 5×10 的点阵字符（有些模块是 DL：高电平时为8位总线，低电平时为4位总线）。

指令7：字符发生器 RAM 地址设置。

指令8：DDRAM 地址设置。

指令9：读出忙信号和光标地址。 BF 为忙标志位，高电平表示忙，此时模块不能接收命令或者数据；低电平表示不忙，模块就能接收相应的命令或者数据。

指令10：写数据。

① 将字符码写入 DDRAM，以使液晶显示屏显示出相对应的字符。

② 将使用者自己设计的图形存入 CGRAM。

DB7DB6DB5 可为任何数据，一般取"000"。

DB4DB3DB2DB1DB0 对应于每行5点的字模数据。

指令11：读数据。

读取 DDRAM 或 CGRAM 中的内容。

其基本操作时序如下。

读状态：输入：RS=L，RW=H，E=H　　　　　　　　输出：DB0～DB7=状态字

写指令：输入：RS=L，RW=L，E=下降沿脉冲，DB0～DB7=指令码 输出：无

读数据：输入：RS=H，RW=H，E=H　　　　　　　　输出：DB0～DB7=数据

写数据：输入：RS=H，RW=L，E=下降沿脉冲，DB0～DB7=数据　 输出：无

液晶显示模块是一个慢显示器件，所以在执行每条指令之前一定要确认模块的忙标志位是不是为低电平，是低电平则表示不忙，否则此指令失效。要显示字符时要先输入显示字符地址，也就是告诉模块在哪里显示字符。表 2-14-3 所示为 LCD1602 的内部显示地址。

表 2-14-3　　　　　　　　　　　LCD1602 的内部显示地址

	1	2	3	4	5	6	7	8	9	10	11	12	13	14	15	16
第一行	80H	81H	82H	83H	84H	85H	86H	87H	88H	89H	8AH	8BH	8CH	8DH	8E	8FH
第二行	0C0H	0C1H	0C2H	0C3H	0C4H	0C5H	0C6H	0C7H	0C8H	0C9H	0CAH	0CBH	0CCAH	0CDH	0CEH	0CFH

4. 初始化过程（复位过程）

① 延时 15 ms。

② 写指令 38H（不检测忙信号）。

③ 延时 5 ms。

④ 写指令 38H（不检测忙信号）。

⑤ 延时 5 ms。

⑥ 写指令 38H（不检测忙信号）。

⑦ （以后每次写指令、读/写数据操作之前均需检测忙信号）。

⑧ 写指令 38H：显示模式设置。

⑨ 写指令 08H：显示关闭。

⑩ 写指令 01H：显示清屏。

⑪ 写指令 06H：显示光标移动设置。

⑫ 写指令 0CH：显示开及光标设置。

5. 操作时序

（1）读操作时序

读操作时序图如图 2-14-3 所示。

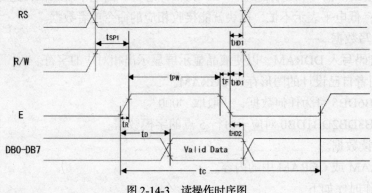

图 2-14-3 读操作时序图

（2）写操作时序

写操作时序图如图 2-14-4 所示。

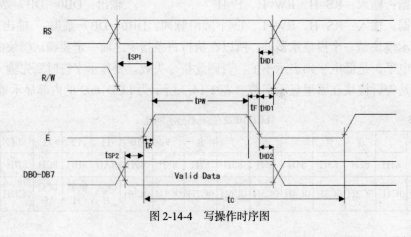

图 2-14-4 写操作时序图

（3）时序参数

时序参数如表 2-14-4 所示。

表 2-14-4　　　　　　　　　　　时序参数

时 序 参 数	符号	极限值			单位	测试条件
		最小值	典型值	最大值		
E 信号周期	t_C	400	-	-	ns	引脚 E
E 脉冲宽度	t_{PW}	150	-	-	ns	
E 上升沿/下降沿时间	t_R，t_F	-	-	25	ns	
地址建立时间	t_{SP1}	30	-	-	ns	引脚 E、RS、R/W
地址保持时间	t_{HD1}	10	-	-	ns	
数据建立时间（读操作）	t_D	-	-	100	ns	引脚 DB0～DB7
数据保持时间（读操作）	t_{HD2}	20	-	-	ns	
数据建立时间（写操作）	t_{SP2}	40	-	-	ns	
数据保持时间（写操作）	t_{HD2}	10	-	-	ns	

三、硬件连接

连接好串口下载线与电源线，把 LCD1602 液晶正确插在 RFID 实验箱上标有 U21 LCD1602 的插槽上。

四、实验内容

LCD1602 字符显示程序流程图如图 2-14-5 所示。

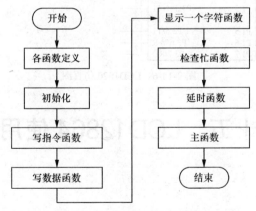

图 2-14-5　LCD1602 字符显示程序流程图

1．仿真部分

打开仿真电路图后，将 1602.hex 文件下载到单片机芯片里面，查看实验结果。仿真电路图如图 2-14-6 所示。

2．实物部分

按照"三、硬件连接"连接好电路，打开 STC-ISP 烧录工具，将生成的 .hex 文件下载到单片机里面，查看实验结果。

五、实验扩展

利用 RFID 实验箱上的资源做 LCD1602 设计电子时钟，具体代码与仿真见光盘。

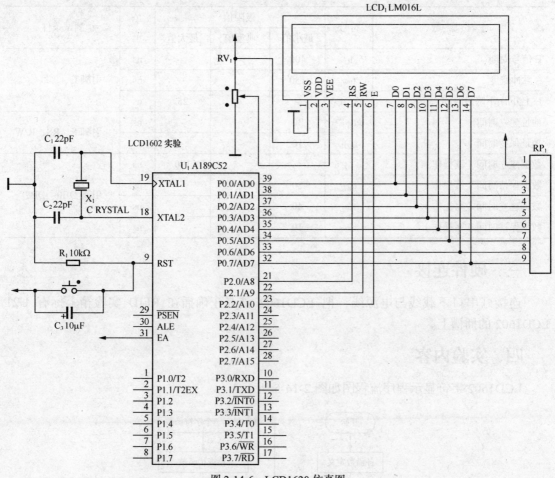

图 2-14-6　LCD1620 仿真图

实验十五　LCD12864 使用实验

一、实验目的

① 了解点阵型 LCD12864（带字库）的组成及工作原理。

② 掌握 LCD12864 液晶显示的操作。

③ 熟悉 Keil 软件的编程，加强 C 语言编程能力。

二、实验准备

1. LCD12864 的组成

12864 液晶显示器是应用较多的一种点阵式液晶显示模块。它由行驱动器、列驱动器及

128×64 全点阵液晶显示器组成。它可以完成图形显示也可以显示 8×4 个（16×16 点阵）汉字。其模块内自带−10 V 负压，用于 LCD 的驱动；显示内容为 128（列）×64（行）个点；与 CPU 接口采用了 8 位数据总线并行输入输出和 8 条控制线。LCD12864 实物图如图 2-15-1 所示，LCD12864 插槽原理图如图 2-15-2 所示。

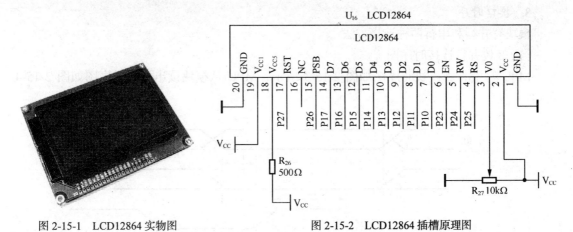

图 2-15-1　LCD12864 实物图　　　　　　　图 2-15-2　LCD12864 插槽原理图

2. LCD12864 液晶引脚说明

LCD12864 液晶引脚说明如表 2-15-1 所示。

表 2-15-1　　　　　　　　　　　　LCD12864 液晶引脚说明

引脚号	引脚名称	方　向	功 能 说 明
1	GND	-	模块的电源地
2	V_{CC}	-	模块的电源正端
3	V0	-	LCD 驱动电压输入端可悬空
4	RS(CS)	H/L	并行的指令/数据选择信号；串行的片选信号
5	R/W(SID)	H/L	并行的读写选择信号；串行的数据口
6	E(CLK)	H/L	并行的使能信号；串行的同步时钟
7	DB0	H/L	数据 0
8	DB1	H/L	数据 1
9	DB2	H/L	数据 2
10	DB3	H/L	数据 3
11	DB4	H/L	数据 4
12	DB5	H/L	数据 5
13	DB6	H/L	数据 6
14	DB7	H/L	数据 7
15	PSB	H/L	并/串行接口选择：H——并行；L——串行
16	NC		空脚
17	$\overline{RST}$	H/L	复位，低电平有效
18	VOUT		倍压输出脚（V_{DD}=+3.3 V 有效），可悬空
19	LED_A	-	背光源正极（LED+5 V）
20	LED_K	-	背光源负极（LED-0 V）

逻辑工作电压(V_{DD})：4.5～5.5 V

电源地(GND)：0 V

工作温度(Ta)：−20～70℃

储存温度−30～80℃

3. 接口时序

模块有并行和串行两种连接方法。

（1）8位并行连接时序图

MPU 写资料到模块时序图如图 2-15-3 所示，MPU 从模块读出资料时序图如图 2-15-4 所示。

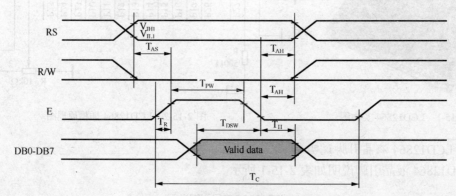

图 2-15-3　MPU 写资料到模块时序图

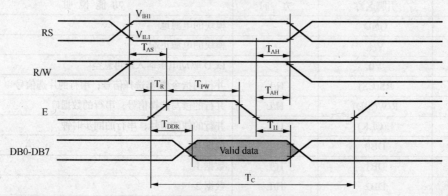

图 2-15-4　MPU 从模块读出资料时序图

（2）串行连接时序图

串行连接时序图如图 2-15-5 所示。

串行数据传送共分 3 个字节完成。

第一字节：串口控制——格式 11111ABC。

A 为数据传送方向控制：H 表示数据从 LCD 到 MCU，L 表示数据从 MCU 到 LCD。

B 为数据类型选择：H 表示数据是显示数据，L 表示数据是控制指令。

C 固定为 0。

第二字节：（并行）8 位数据的高 4 位——格式 DDDD0000。

第三字节：（并行）8 位数据的低 4 位——格式 0000DDDD。

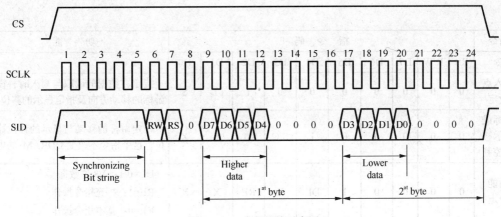

图 2-15-5 串行连接时序图

串行接口时序参数（见表 2-15-2）：（测试条件：T=25℃ V_{DD}=4.5 V）

表 2-15-2　　　　　　　　　　串行接口时序参数

Symbol	Characteristics	Test Condition	Min.	Typ.	Max.	Unit
Internal Clock Operation						
f_{OSC}	OSC Frequency	R=33kΩ	470	530	590	kHz
External Clock Operation						
f_{EX}	External Frequency	-	470	530	590	kHz
	Duty Cycle	-	45	50	55	%
T_R, T_F	Rise/Fall Time	-	-	-	0.2	μs
T_{SCYC}	Serial clock eyele	Pin E	400	-	-	ns
T_{SHW}	SCLK high pulse width	Pin E	200	-	-	ns
T_{SLW}	SCLK low pulse width	Pin E	200	-	-	ns
T_{SDS}	SID data setup time	Pins RW	40	-	-	ns
T_{SDH}	SID data hold time	Pins RW	40	-	-	ns
T_{CSS}	CS setup time	Pins RS	60	-	-	ns
T_{CSH}	CS hold time	Pins RS	60	-	-	ns

4. 用户指令集

指令表 1：（RE=0：基本指令），如表 2-15-3 所示。

表 2-15-3　　　　　　　　　　基本指令表

指令	指 令 码									功　　能
令	RS	R/W	D7	D6	D5	D4	D3	D2	D1	D0	
清除显示	0	0	0	0	0	0	0	0	0	1	将 DDRAM 填满 "20H"，并且设定 DDRAM 的地址计数器（AC）到 "00H"
地址归位	0	0	0	0	0	0	0	0	1	X	设定 DDRAM 的地址计数器（AC）到 "00H"，并且将游标移到开头原点位置；这个指令不改变 DDRAM 的内容
显示状态开/关	0	0	0	0	0	0	1	D	C	B	D=1：整体显示 ON C=1：游标 ON B=1：游标位置反白允许

续表

指令	指　令　码									功　　能
令	RS	R/W	D7	D6	D5	D4	D3	D2	D1	D0
进入点设定	0	0	0	0	0	0	0	1	I/D	S	指定在数据的读取与写入时，设定游标的移动方向及指定显示的移位
游标或显示移位控制	0	0	0	0	0	1	S/C	R/L	X	X	设定游标的移动与显示的移位控制位；这个指令不改变 DDRAM 的内容
功能设定	0	0	0	0	1	DL	X	RE	X	X	DL=0/1：4/8 位数据 RE=1：扩充指令操作 RE=0：基本指令操作
设定 CGRAM 地址	0	0	0	1	AC5	AC4	AC3	AC2	AC1	AC0	设定 CGRAM 地址
设定 DDRAM 地址	0	0	1	0	AC5	AC4	AC3	AC2	AC1	AC0	设定 DDRAM 地址（显示位址）第一行：80H－87H 第二行：90H－97H
读取忙标志和地址	0	1	BF	AC6	AC5	AC4	AC3	AC2	AC1	AC0	读取忙标志（BF）可以确认内部动作是否完成，同时可以读出地址计数器（AC）的值
写数据到 RAM	1	0	数据								将数据 D7—D0 写入到内部的 RAM (DDRAM/CGRAM/IRAM/GRAM)
读出 RAM 的值	1	1	数据								从内部 RAM 读取数据 D7—D0 (DDRAM/CGRAM/IRAM/GRAM)

指令表 2：（RE=1：扩充指令），如表 2-15-4 所示。

表 2-15-4　　　　　扩充指令表

指令	指　令　码									功　　能
令	RS	R/W	D7	D6	D5	D4	D3	D2	D1	D0
待命模式	0	0	0	0	0	0	0	0	0	1	进入待命模式，执行其他指令都可终止待命模式
卷动地址开关开启	0	0	0	0	0	0	0	0	1	SR	SR=1：允许输入垂直卷动地址；SR=0：允许输入 IRAM 和 CGRAM 地址
反白选择	0	0	0	0	0	0	0	1	R1	R0	选择 2 行中的任一行作反白显示，并可决定反白与否。初始值 R1R0＝00，第一次设定为反白显示，再次设定变回正常
睡眠模式	0	0	0	0	0	0	1	SL	X	X	SL=0：进入睡眠模式；SL=1：脱离睡眠模式
扩充功能设定	0	0	0	0	1	CL	X	RE	G	0	CL=0/1：4/8 位数据；RE=1：扩充指令操作；RE=0：基本指令操作；G=1/0：绘图开关

续表

指令		指令码									功能
令	RS	R/W	D7	D6	D5	D4	D3	D2	D1	D0	
设定绘图 RAM 地址	0	0	1	0 AC6	0 AC5	0 AC4	AC3 AC3	AC2 AC2	AC1 AC1	AC0 AC0	设定绘图 RAM，先设定垂直（列）地址 AC6AC5…AC0，再设定水平（行）地址 AC3AC2AC1AC0，将以上 16 位地址连续写入即可

备注：当 IC1 在接受指令前，微处理器必须先确认其内部处于非忙碌状态，即读取 BF 标志时，BF 需为零，方可接受新的指令；如果在送出一个指令前并不检查 BF 标志，那么在前一个指令和这个指令中间必须延长较长的一段时间，即是等待前一个指令确实执行完成。

5. 指令描述

（1）清除显示

CODE： RW RS DB7 DB6 DB5 DB4 DB3 DB2 DB1 DB0

L	L	L	L	L	L	L	L	L	H

功能：清除显示屏幕，把 DDRAM 位址计数器调整为"0H"。

（2）位址归位

CODE： RW RS DB7 DB6 DB5 DB4 DB3 DB2 DB1 DB0

L	L	L	L	L	L	L	L	H	X

功能：把 DDRAM 位址计数器调整为"00H"，游标回原点，该功能不影响显示 DDRAM。

（3）位址归位

CODE： RW RS DB7 DB6 DB5 DB4 DB3 DB2 DB1 DB0

L	L	L	L	L	L	L	H	I/D	S

功能：把 DDRAM 位址计数器调整为"00H"，游标回原点，该功能不影响显示 DDRAM
功能：执行该命令后，所设置的行将显示在屏幕的第一行。显示起始行是由 Z 地址计数器控制的，该命令自动将 A0-A5 位地址送入 Z 地址计数器，起始地址可以是 0~63 范围内任意一行。Z 地址计数器具有循环计数功能，用于显示行扫描同步，当扫描完一行后自动加一。

（4）显示状态 开/关

CODE： RW RS DB7 DB6 DB5 DB4 DB3 DB2 DB1 DB0

L	L	L	L	L	L	H	D	C	B

功能：D=1；整体显示 ON C=1；游标 ON B=1；游标位置 ON。

（5）游标或显示移位控制

CODE： RW RS DB7 DB6 DB5 DB4 DB3 DB2 DB1 DB0

L	L	L	L	L	H	S/C	R/L	X	X

功能：设定游标的移动与显示的移位控制位，这个指令并不改变 DDRAM 的内容。

（6）功能设定

CODE： RW RS DB7 DB6 DB5 DB4 DB3 DB2 DB1 DB0

L	L	L	L	DL	X	0	RE	X	X

功能：DL=1（必须设为 1）RE=1；扩充指令集动作 RE=0：基本指令集动作。

（7）设定 CGRAM 位址

CODE:	RW	RS	DB7	DB6	DB5	DB4	DB3	DB2	DB1	DB0
	L	L	L	H	AC5	AC4	AC3	AC2	AC1	AC0

功能：设定 CGRAM 位址到位址计数器（AC）。

（8）设定 DDRAM 位址

CODE:	RW	RS	DB7	DB6	DB5	DB4	DB3	DB2	DB1	DB0
	L	L	H	AC6	AC5	AC4	AC3	AC2	AC1	AC0

功能：设定 DDRAM 位址到位址计数器（AC）。

（9）读取忙碌状态（BF）和位址

CODE:	RW	RS	DB7	DB6	DB5	DB4	DB3	DB2	DB1	DB0
	L	H	BF	AC6	AC5	AC4	AC3	AC2	AC1	AC0

功能：读取忙碌状态（BF）可以确认内部动作是否完成，同时可以读出位址计数器（AC）的值。

（10）写资料到 RAM

CODE:	RW	RS	DB7	DB6	DB5	DB4	DB3	DB2	DB1	DB0
	H	L	D7	D6	D5	D4	D3	D2	D1	D0

功能：写入资料到内部的 RAM（DDRAM/CGRAM/TRAM/GDRAM）。

（11）读出 RAM 的值

CODE:	RW	RS	DB7	DB6	DB5	DB4	DB3	DB2	DB1	DB0
	H	H	D7	D6	D5	D4	D3	D2	D1	D0

功能：从内部 RAM 读取资料（DDRAM/CGRAM/TRAM/GDRAM）。

（12）待命模式（12H）

CODE:	RW	RS	DB7	DB6	DB5	DB4	DB3	DB2	DB1	DB0
	L	L	L	L	L	L	L	L	L	H

功能：进入待命模式，执行其他命令都可终止待命模式。

（13）卷动位址或 IRAM 位址选择（13H）

CODE:	RW	RS	DB7	DB6	DB5	DB4	DB3	DB2	DB1	DB0
	L	L	L	L	L	L	L	L	H	SR

功能：SR=1，允许输入卷动位址；SR=0，允许输入 IRAM 位址。

（14）反白选择（14H）

CODE:	RW	RS	B7	DB6	DB5	DB4	DB3	DB2	DB1	DB0
	L	L	L	L	L	L	L	H	R1	R0

功能：选择 4 行中的任一行作反白显示，并可决定反白与否。

（15）睡眠模式（015H）

CODE:	RW	RS	DB7	DB6	DB5	DB4	DB3	DB2	DB1	DB0
	L	L	L	L	L	L	H	SL	X	X

功能：SL=1，脱离睡眠模式；SL=0，进入睡眠模式。

（16）扩充功能设定（016H）

CODE： RW RS DB7 DB6 DB5 DB4 DB3 DB2 DB1 DB0

L	L	L	L	H	H	X	1RE	G	L

功能：RE=1，扩充指令集动作；RE=0，基本指令集动作；G=1，绘图显示 ON；G=0，绘图显示 OFF。

（17）设定 IRAM 位址或卷动位址（017H）

CODE： RW RS DB7 DB6 DB5 DB4 DB3 DB2 DB1 DB0

L	L	L	H	AC5	AC4	AC3	AC2	AC1	AC0

功能：SR=1，AC5～AC0 为垂直卷动位址；SR=0，AC3～AC0 写 ICONRAM 位址。

（18）设定绘图 RAM 位址（018H）

CODE： RW RS DB7 DB6 DB5 DB4 DB3 DB2 DB1 DB0

L	L	H	AC6	AC5	AC4	AC3	AC2	AC1	AC0

功能：设定 GDRAM 位址到位址计数器（AC）。

6. 显示坐标关系 —— 图形显示坐标

水平方向 X 以字节单位，垂直方向 Y 以位为单位。图形显示坐标如图 2-15-6 所示。

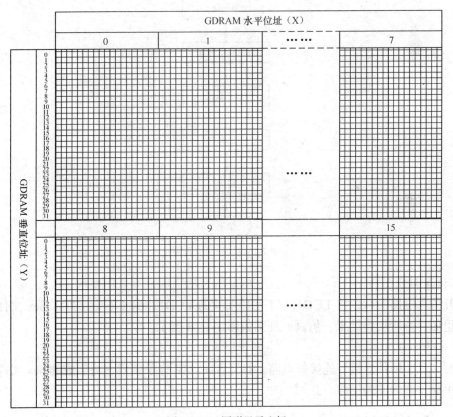

图 2-15-6 图形显示坐标

汉字显示坐标　　　　　　　　X 坐标

Line1 80H 81H 8 2H 83H 84H 85H 86H 87H

Line2 90H 91H 92H 93H 94H 95H 96H 97H

Line3 88H 89H 8AH 8BH 8CH 8DH 8EH 8FH

Line4 98H 99H 9AH 9BH 9CH 9DH 9EH 9FH

三、硬件连接

连接好串口下载线与电源线，把 LCD12864 液晶正确插在 RFID 实验箱上标有 U16 LCD12864 的插槽上。

四、实验内容

程序运行结果为：LCD12864 上面显示"湖北科技学院、实验箱小组、XN 物联网技术联盟、www.hbust.com.cn"4 行汉字。程序流程图如图 2-15-7 所示。

图 2-15-7 程序流程图

1. 仿真部分

打开仿真电路图后，将 LCD12864 使用实验的 LCD12864（不带字库）.hex 文件下载到单片机里面，查看实验结果。仿真原理图如图 2-15-8 所示。

2. 实物部分

按照"三、硬件连接"连接好电路，打开 STC-ISP 烧录工具，将生成的.hex 文件下载到单片机里面，查看实验结果。

五、内容扩展

用实验箱上的 LCD12864 和独立按键做一个多级菜单，代码见光盘。

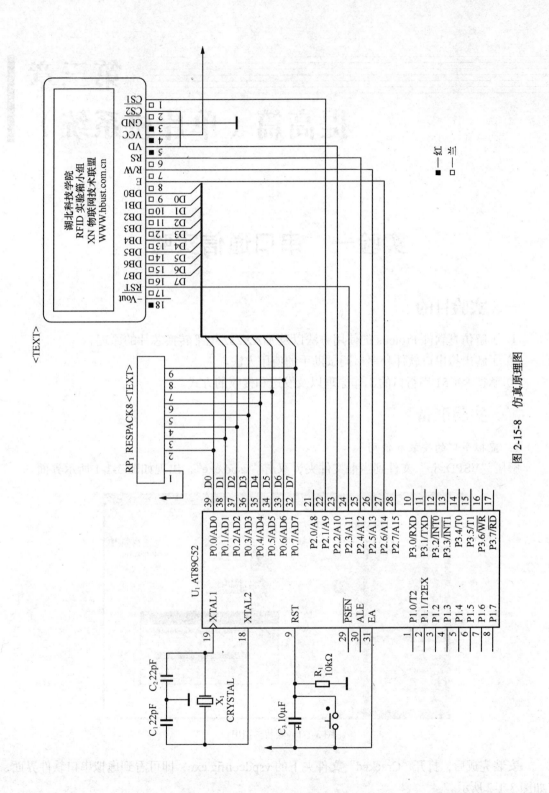

图 2-15-8　仿真原理图

第三章
提高篇（单片机系统）

实验一　串口通信实验

一、实验目的

① 了解仿真软件 Proteus 的使用方法以及 MAX232 电平转换芯片的原理。

② 了解虚拟串口软件和串口调试助手的使用方法。

③ 掌握 89C51 串行口的工作原理以及发送和接收的方式。

二、实验准备

1. 虚拟串口的安装和使用

解压 "VSPD.zip" 文件到当前文件夹，双击 "vspd.exe"，出现如图 3-1-1 所示界面。

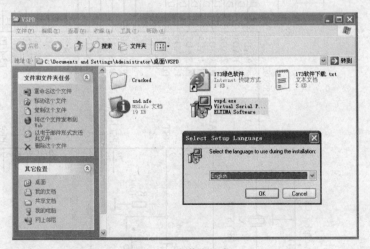

图 3-1-1　安装虚拟串口

安装完成后，打开 "Cracked" 文件夹下的 vspdconfig.exe，即可看到虚拟串口软件界面，如图 3-1-2 所示。

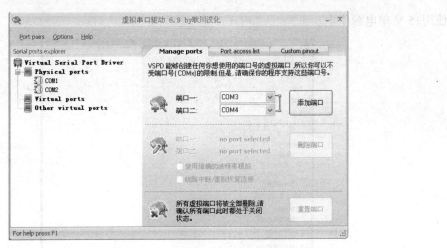

图 3-1-2 串口界面

单击"添加端口"按钮，添加一对虚拟端口，添加后如图 3-1-3 所示。

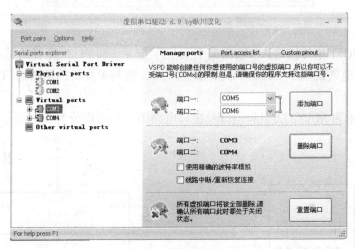

图 3-1-3 添加虚拟串口

在实验过程中，设置好虚拟端口后，该软件就可以关闭了。

2. 串口调试助手 UartAssist.exe 的使用

打开 UartAssist.exe，可能会出现如图 3-1-4 所示界面。

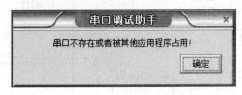

图 3-1-4 打开串口调试助手

这是因为串口号未设置好，单击"确定"按钮，出现如图 3-1-5 所示界面。

在实验时，要设置好串口号、波特率、校验位、数据位、停止位，方可进行实验。

3. MAX232 接口电路

MAX232 芯片是美信（MAXIM）公司专为 RS-232 标准串口设计的单电源电平转换芯片，

使用+5 V 单电源供电。

图 3-1-5　设置串口调试助手

由于 STC89C51 单片机输入、输出电平为 TTL 电平，而 PC 机配置的是 RS-232C 标准串行接口，二者的电气规范不一致，因此，要完成 PC 机与单片机的数据通信，必须进行电平转换。

图 3-1-6 所示为 MAX232 引脚图以及接口电路图，其引脚分为 3 个部分。

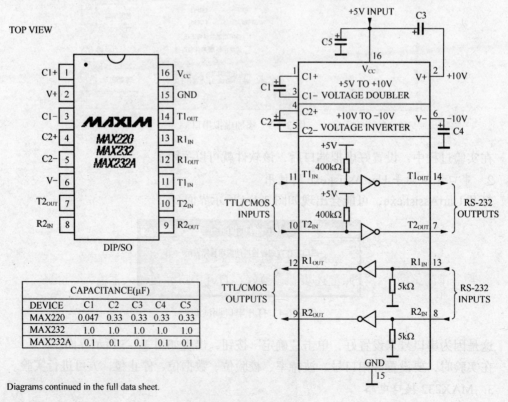

Diagrams continued in the full data sheet.

图 3-1-6　MAX232 芯片

第一部分是电荷泵电路。由 1、2、3、4、5、6 脚和 4 只电容构成。功能是产生+12 V 和 −12 V 两个电源，提供给 RS-232 串口电平的需要。

第二部分是数据转换通道。由 7、8、9、10、11、12、13、14 脚构成两个数据通道。其中，13 脚（R1IN）、12 脚（R1OUT）、11 脚（T1IN）、14 脚（T1OUT）为第一数据通道。8 脚（R2IN）、9 脚（R2OUT）、10 脚（T2IN）、7 脚（T2OUT）为第二数据通道。TTL/CMOS 数据从 11 引脚（T1IN）、10 引脚（T2IN）输入转换成 RS-232 数据从 14 脚（T1OUT）、7 脚（T2OUT）送到电脑 DB9 插头；DB9 插头的 RS-232 数据从 13 引脚（R1IN）、8 引脚（R2IN）输入转换成 TTL/CMOS 数据后从 12 引脚（R1OUT）、9 引脚（R2OUT）输出。

第三部分是供电。15 脚 GND、16 脚 V_{CC}（+5 V）。

4. 仿真软件使用

如图 3-1-7 所示连接好电路，图 3-1-7 中使用到 VIRTUAL TERMINAL 虚拟终端、COMPIM 串口母头、MAX232 电平转换芯片。在实验之前要设置好虚拟终端和串口的基本设置。双击虚拟终端，如图 3-1-8 所示。

设置好 Baud Rate、Data Bits、Parity、Stop Bits 选项，然后单击"OK"按钮。

双击串口母头"COMPIM"，如图 3-1-9 所示。

按照图 3-1-9 所示设置好 Physical port、Physical Baud Rate、Physical Data Bits、Physical Parity、Vitual Baud Rate、Vitual Data Bits、Vitual Parity 选项，然后单击"OK"按钮。

三、硬件连接

连接好电源线和串口线即可。

四、实验内容

程序流程图如图 3-1-10 所示。

1. 仿真部分

打开仿真电路图，按照上述步骤设置好虚拟终端和串口母头，右击单片机，将程序生成的.hex 文件下载到单片机，运行。

在使用虚拟终端时，需注意以下几点。

① Virtual Terminal 默认显示字符，如果单片机发送的是非显示字符，则虚拟终端不会显示，会导致用户认为通信未通。运行程序，在虚拟终端窗口里面单击右键，在弹出菜单里面选"Hex Display Mode"，则显示按十六进制显示，能显示所有字符。

② Virtual Terminal 默认情况下不显示非显字符。运行程序，在虚拟终端窗口里面单击右键，在弹出菜单里面，选"Echo Typed Characters"显示非显字符，如图 3-1-11 所示。

打开串口调试助手，按照上述步骤设置好，打开串口，在输入框输入"hubei"，然后单击发送，查看虚拟终端是否出现数据，如图 3-1-12 所示。

2. 实物部分

将程序代码生成的.hex 文件通过 ISP 下载器下载至单片机开发板，打开串口调试助手，设置好相应的选项，打开串口，发送数据，查看接收框是否接收到数据，如图 3-1-13 所示。

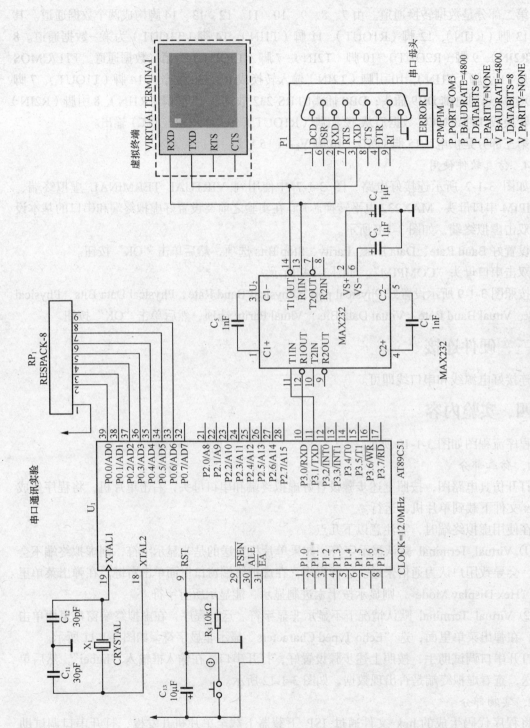

图 3-1-7　Proteus 仿真图

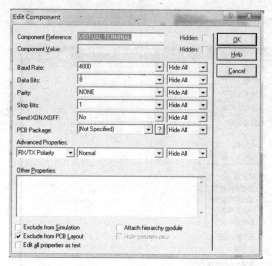

图 3-1-8　虚拟终端设置

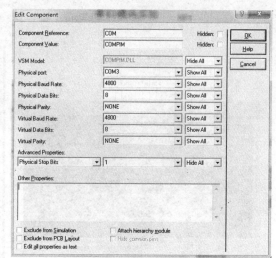

图 3-1-9　串口母头设置

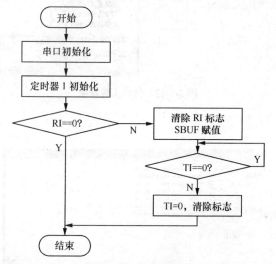

图 3-1-10　程序流程图

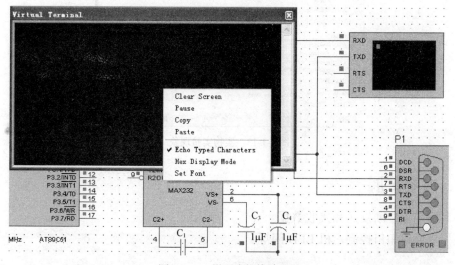

图 3-1-11　设置虚拟终端显示

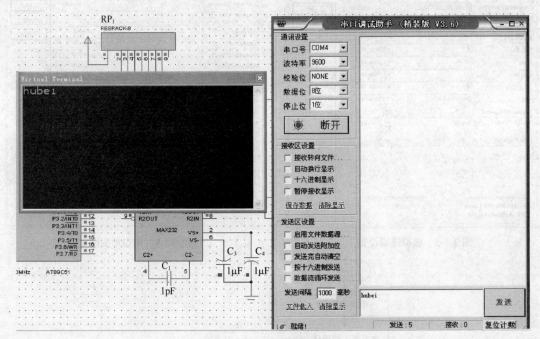

图 3-1-12　仿真实验现象

图 3-1-13　实物实验现象

五、内容扩展

① 利用串口中断发送和接收数据。

② 甲机通过串口控制乙机 LED 闪烁。

实验二　单总线应用实验

一、实验目的

单总线是美国 Dallas 公司推出的外围串行扩展总线。目前，常用的单片机与外设之间进行数据传输的方式主要有：C、SPI 和 SCI 总线。其中，C 总线含有一条时钟线，一条数据线；SPI 总线则含有一条时钟线，一条数据输入线，一条数据输出线；而 SCI 总线是以异步方式进行通信，含有一条输入线，一条输出线。它们都至少含有两条信号线，但是单总线采用单条信号线，它既可以传输时钟，又可以传输数据，并且数据的传输是双向的。这里通过温度传感器 DS18B20 的实验，要求理解和掌握以下知识点。

① 单总线上的数据传输过程。

② 温度传感器 DS18B20 的工作时序。

③ 基于单总线的编程方法。

二、实验准备

1. 温度传感器 DS18B20 的工作特性

DS18B20 可以把温度信号直接转换成串行数字信号供单片机处理，并且由于每片 DS18B20 都含有唯一的产品号，所以在一条总线上可以挂接多个 DS18B20 芯片。它的温度测量范围−55℃～+125℃，可编程分辨率为 9～12 位。

2. 直插式温度传感器引脚介绍

DS18B20 的实物如图 3-2-1 所示。图 3-2-1 中 GND 为电源负极，V_{DD} 为电源正极，DQ 为信号输入输出引脚。

3. 单片机与 DS18B20 的电路连接

从图 3-2-2 中可以看出 DS18B20 与单片机的连接非常简单，只需要将 DQ 脚连接到单片机的一个 P 口就行了。

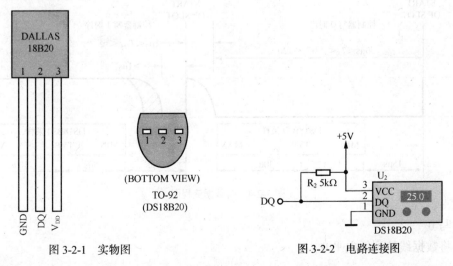

图 3-2-1　实物图　　　　　　　　图 3-2-2　电路连接图

4. DS18B20 时序图分析

在对 DS18B20 进行控制之前，必须先了解它的工作时序，可以在网上查找 DS18B20 相关的手册。下面就从 DS18B20 的初始化、读数据、写数据 3 个方面介绍如何对它进行控制。

（1）DS18B20 的初始化

DS18B20 初始化时序图如图 3-2-3 所示。

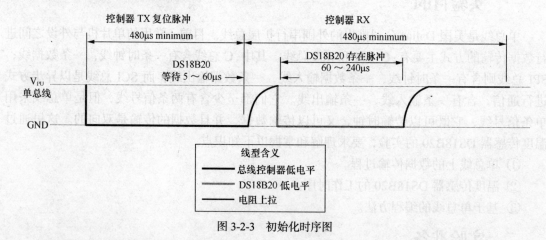

图 3-2-3　初始化时序图

① 将数据线拉到低电平 0。

② 延时 T（480 μs～960 μs）。

③ 将数据线拉到高电平 1。

④ 延时等待。如果初始化成功，则会在 15 μs～60 μs 内得到 DS18B20 返回的低电平 0，表示 DS18B20 初始化成功。

⑤ 在接收到 DS18B20 返回的低电平信号后还要进行至少 480 μs 的延时（从第三步开始算起）。

⑥ 将数据线拉到高电平 1。

（2）DS18B20 写数据

DS18B20 写数据流程图如图 3-2-4 所示。

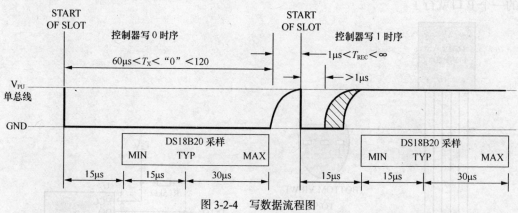

图 3-2-4　写数据流程图

① 写 0

a. 将数据线拉到低电平 0。

b. 延时 15 μs。

c. 按从低到高的顺序发送数据（一次只发送一位）。

d. 延时 45 μs。

e. 将数据线拉到高电平 1。

② 写 1

a. 数据线拉到低电平 0。

b. 延时 45 μs。

c. 按从低到高的顺序发送数据（一次只发送一位）。

d. 延时 15 μs。

e. 将数据线拉到高电平 1。

③ DS18B20 读数据

DS18B20 读数据流程图如图 3-2-5 所示。

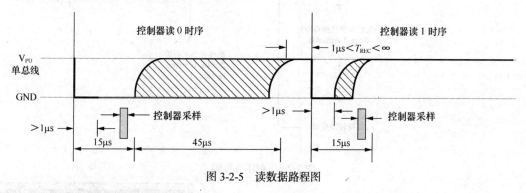

图 3-2-5   读数据路程图

a. 数据线拉到低电平 0。

b. 延时 6 μs。

c. 将数据线拉到高电平 1。

d. 延时 4 μs。

e. 读数据线的状态得到一个状态位。

f. 延时 30 μs。

根据时序分析，就可以编写相应的控制函数，从而控制 DS18B20 得到温度数据。

三、硬件连接

将 JP37 上标有 DQ 的引脚接到单片机的 P1_0 口。对于数码管的连接，请参看数码管的实验，并对代码中数码管的操作部分进行修改。

四、实验内容

本实验可以通过 DS18B20 检测出环境温度，并通过数码管显示出来。当然，如果让 DS18B20 靠近高温或低温物体时，会观察到明显的温度变化。其程序流程图如图 3-2-6 所示。

1. 仿真部分

打开仿真电路图后，将 DS18B20 的 .hex 文件下载到单片机里面，查看实验结果。仿真电路图如图 3-2-7 所示。

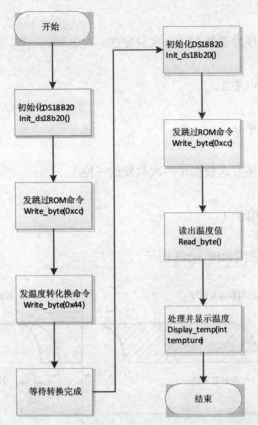

图 3-2-6　程序流程图

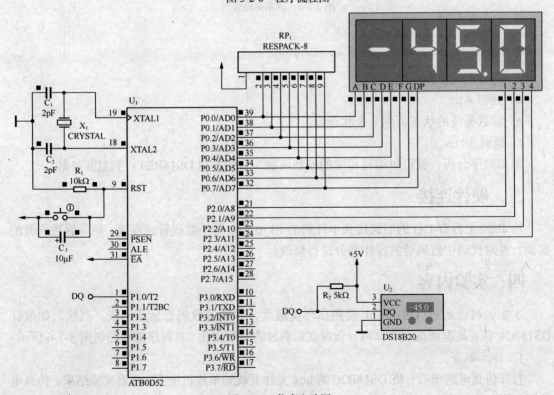

图 3-2-7　仿真电路图

2.　实物部分

按照"三、硬件连接"说明连接好电路，打开 STC-ISP 烧录工具，将生成的.hex 文件下载到单片机里面，查看实验结果。

3.　部分代码分析

下面的这部分代码是 Get_temp() 函数中计算温度的方法。

```
Dat_L=Read_byte();
Dat_H=Read_byte();
temp=Dat_H;
temp=temp<<8;
temp=temp|Dat_L;
tt=temp*0.0625;
if(tt>0)
{
    tt1=tt*10+0.5;
}
else
{
    tt1=tt*10-0.5;
}
```

① 通过学习 DS18B20 芯片手册，可以了解到数据的存储格式，如图 3-2-8 所示。

	bit7	bit6	bit5	bit4	bit3	bit2	bit1	bit0
LS Byte	2^3	2^2	2^1	2^0	2^{-1}	2^{-2}	2^{-3}	2^{-4}

	bit15	bit14	bit13	bit12	bit11	bit10	bit9	bit8
MS Byte	S	S	S	S	S	2^6	2^5	2^4

图 3-2-8　温度寄存器格式

② 在读温度寄存器的时候，首先读低 8 位，再读高 8 位。所以，通过代码的第 1、2 步就将 16 位的温度数据读出。

③ 第 3、4、5 步中就是将刚刚读到的数据存到 16 位的变量 temp 中。

④ 在温度存储器的格式中可以看到，有效的数据是 12 位，并且分辨率为 0.062 5，故将得到的 16 位的 temp 变量乘以 0.062 5。

⑤ 最后，第 7 步对得到的温度值的符号进行判断；若为正，则将得到的值乘以 10 表示小数后面只取一位（大家可能会有疑问，乘以 10 之后难道不会对温度值扩大 10 倍吗？其实，只用在温度显示的时候将小数点固定在最后一个数字前面即可），加 0.5 是对其进行四舍五入。若为负，则四舍五入的时候减去 0.5。

五、内容扩展

利用实验箱上的资源实现在一条总线上挂载多个温度传感器，读取各个温度传感器的温度。其具体代码与仿真见光盘。

实验三 SPI 总线应用实验

一、实验目的

① 了解 DS1302 实时时钟芯片的特点与功能。

② 回顾 LCD1602 的使用方法。

③ 通过液晶 LCD1602 凸显 DS1302 实时显示时间、日期及星期的功能。

二、实验准备

1. SPI 总线原理

SPI 总线是串行外围设备接口，是一种高速的、全双工、同步串口、单主机的通信总线，并且在芯片的管脚上只占用 4 根线。SPI 的通信原理很简单，它以主从方式工作，通常有一个主设备和一个或多个从设备，需要至少 4 根线。

SDO——主设备数据输出，从设备数据输入。

SDI——主设备数据输入，从设备数据输出。

SCLK——用来为数据通信提供同步时钟信号，由主设备产生。

CS——从设备使能信号，由主设备控制。

2. DS1302 初步了解

实验使用的实时时钟电路芯片是美国 DALLAS 公司生产的一种高性能、低功耗、带 RAM 的实时时钟电路芯片 DS1302，其引脚如图 3-3-1

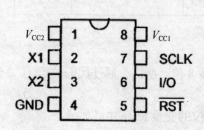

图 3-3-1 DS1302 引脚图

所示。V_{CC1} 为后备电源，V_{CC2} 为主电源。在主电源关闭的情况下，也能保持时钟的连续运行。DS1302 由 V_{CC1} 或 V_{CC2} 两者中的较大者供电；当 V_{CC2} 大于 V_{CC1} + 0.2 V 时，V_{CC2} 给 DS1302 供电；当 V_{CC2} 小于 V_{CC1} 时，DS1302 由 V_{CC1} 供电。X1 和 X2 是振荡源，外接 32.768 kHz 晶振。$\overline{RST}$ 是复位/片选线，通过把 $\overline{RST}$ 输入驱动置高电平来启动所有的数据传送。

（1）管脚描述

X1、X2：32.768 kHz 晶振管脚；GND：地；$\overline{RST}$：复位脚；I/O：数据输入/输出引脚；SCLK：串行时钟；Vcc1、Vcc2 电源供电管脚。

其中，$\overline{RST}$ 输入有两种功能。首先，$\overline{RST}$ 接通控制逻辑，允许地址/命令序列送入移位寄存器；其次，$\overline{RST}$ 提供终止单字节或多字节数据的传送手段。当 $\overline{RST}$ 为高电平时，所有的数据传送被初始化，允许对 DS1302 进行操作。如果在传送过程中 $\overline{RST}$ 置为低电平，则会终止此次数据传送，I/O 引脚变为高阻态。上电运行时在 $V_{cc} \geqslant 2.5$ V 之前，$\overline{RST}$ 必须保持低电平。只有在 SCLK 为低电平时，才能将 $\overline{RST}$ 置为高电平。I/O 为串行数据输入/输出端(双向)，SCLK 始终是输入端。

（2）DS1302 内部寄存器

CH：时钟停止位　　　　　　　　　　　寄存器 2 的第 7 位：12/24 小时标志

CH=0　　　　振荡器工作允许　　　　　bit7=1，12 小时模式

CH=1　　　　振荡器停止　　　　　　　bit7=0，24 小时模式

WP：写保护位　　　　　　　　　　　　寄存器 2 的第 5 位：AM/PM 定义

WP=0　　　　寄存器数据能够写入　　　AP=1 下午模式

WP=1　　　　寄存器数据不能写入　　　AP=0 上午模式

TCS：涓流充电选择　　　　　　　　　　DS：二极管选择位

TCS=1010　　使能涓流充电　　　　　　DS=01 选择一个二极管

TCS=其他　　禁止涓流充电　　　　　　DS=10 选择两个二极管

注：DS=00 或 11，即使 TCS=1010，充电功能也被禁止。

RS 位说明如表 3-3-1 所示。

表 3-3-1　　　　　　　　　　　　　　RS 位说明

RS 位	电　阻	典　型　位
00	没有	没有
01	R1	2kΩ
10	R2	4kΩ
11	R3	8kΩ

（3）时钟

时钟如图 3-3-2 所示。

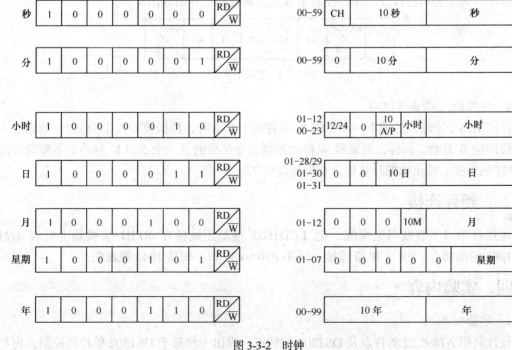

图 3-3-2　时钟

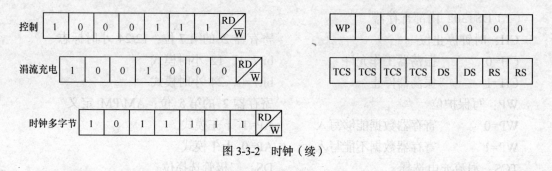

图 3-3-2 时钟（续）

（4）RAM

RAM 如图 3-3-3 所示。

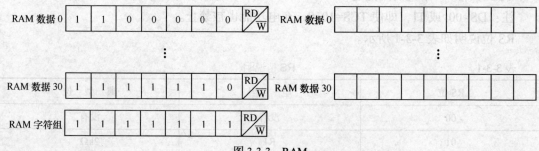

图 3-3-3 RAM

3. DS1302 的控制字节

DS1302 的控制字节如图 3-3-4 所示。控制字节的最高有效位（位 7）必须是逻辑 1，如果它为 0，则不能把数据写入 DS1302 中，位 6 如果为 0，则表示存取日历时钟数据，为 1 表示存取 RAM 数据；位 5 至位 1 指示操作单元的地址；最低有效位（位 0）如为 0 表示要进行写操作，为 1 表示进行读操作，控制字节总是从最低位开始输出。

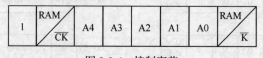

图 3-3-4 控制字节

4. 数据输入/输出（I/O）

在控制指令字输入后的下一个 SCLK 时钟的上升沿时，数据被写入 DS1302，数据输入从低位即位 0 开始。同样，在紧跟 8 位的控制指令字后的下一个 SCLK 脉冲的下降沿读出 DS1302 的数据，读出数据时从低位 0 位到高位 7。

三、硬件连接

连接好串口下载线与电源线，把 LCD1602 液晶正确插在 RFID 实验箱上标有 U21 LCD1602 的插槽上，P3 与 JP30 连接，运用 P30～P32 口，短接 JP40 跳线帽。

四、实验内容

1. 实验任务

设计利用 AT89C52 的特点及 DS1302 的特点，提出一种基于 DS1302 单片机控制，再利用数码管显示的数字钟。本系统硬件利用 AT89C52 作为 CPU 进行总体控制，通过 DS1302 时钟芯片获取准确详细的时间（年、月、日、星期、时、分、秒准确时间），对时钟信号进行控制，同时利用液晶显示芯片 LCD1602 对时间进行准确显示年、月、日、星期、时、分、秒。

程序流程图如图 3-3-5 所示。

2. 仿真部分

打开仿真电路图后，将独立按键的 .hex 文件下载到单片机芯片里面，查看实验结果。仿真电路图如图 3-3-6 所示。

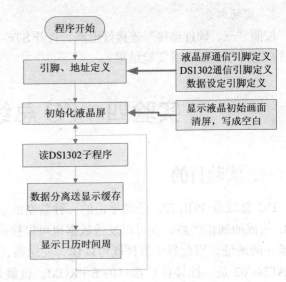

图 3-3-5 程序流程图

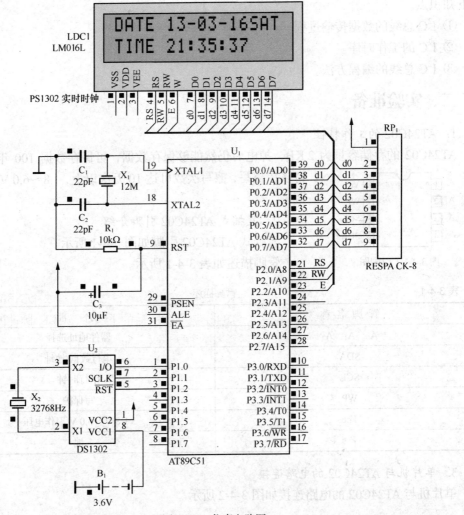

图 3-3-6 仿真电路图

3. 实物部分

按照"三、硬件连接"连接好电路，打开 STC-ISP 烧录工具，将生成的.hex 文件下载到单片机芯片里面，查看实验结果。

实验四　I²C 总线应用实验

一、实验目的

I²C 总线是 PHILIPS 公司推出的一种新型的总线标准。C 是由数据线 SDA 和时钟线 SCL 构成的通信线路，既可以发送数据也可以接收数据；I²C 总线上并联的每个器件都具有唯一的地址，因此每个器件既可以作为发送器，也可以作为接收器。本实验中使用的芯片 AT24C02 是一种具有 C 接口的 E²PROM，也就是一种存储芯片。但是 51 系列的单片机不具有 C 总线接口，但是可以用软件模拟的方法模拟 C 的时序。通过本次试验，要求掌握以下知识点。

① I²C 总线的数据传输过程。

② I²C 的工作时序。

③ I²C 总线的编程方法。

二、实验准备

1. AT24C02 的工作特性

AT24C02 的存储容量为 2 KB，掉电后仍然能够保存数据，可保存数据 100 年，并且支持多次擦写，擦写次数可达 10 万次以上，1.8～6.0 V 工作电压范围。

图 3-4-1　引脚图

2. 直插式 AT24C02 引脚介绍

直插式 AT24C02 引脚如图 3-4-1 所示。

管脚描述如表 3-4-1 所示。

表 3-4-1　　　　　　　　　　　　　管脚描述

管 脚 名 称	功　能
A_0、A_1、A_2	器件地址选择
SDA	串行数据/地址
SCL	串行时钟
WP	写保护
V_{cc}	+1.8 V～6.0 V 工作电压
V_{ss}	地

3. 单片机与 AT24C02 的电路连接

单片机与 AT24C02 的电路连接如图 3-4-2 所示。

用单片机的两个 P 口分别连接 AT24C02 的 SCK 和 SDA 管脚，模拟 I^2C 总线的工作时序，从而控制 AT24C02 工作。

4. 实验步骤以及 C 总线时序图分析

（1）I^2C 总线初始化

I^2C 总线的初始化就是将总线都拉高，释放总线。

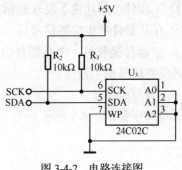

图 3-4-2　电路连接图

（2）启动/停止时序

启动/停止时序图如图 3-4-3 所示。

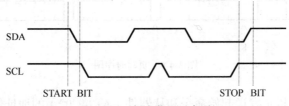

图 3-4-3　启动/停止时序图

启动信号：在 SCL 为高电平期间将 SDA 拉低。

停止信号：在 SCL 为高电平期间将 SDA 拉高。

（3）应答时序

应答时序如图 3-4-4 所示。

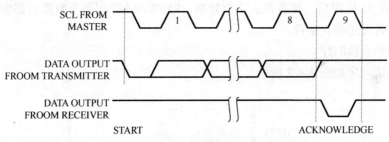

图 3-4-4　应答时序图

在 SCL 为高电平期间，SDA 被从器件拉为低电平表示应答信号。也就是本实验中 AT24C02 将 SDA 信号变为低电平，表示 AT24C02 已经接收到数据了。

（4）字节写时序

字节写时序如图 3-4-5 所示。

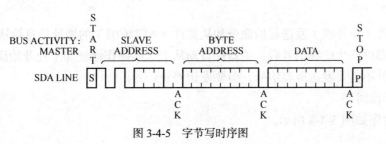

图 3-4-5　字节写时序图

① 主器件（单片机）发送起始命令和从器件（AT24C02）的地址信息给从器件。

② 在从器件产生应答信号后，主器件发送 AT24C02 的字节地址。

③ 主器件接收另一个从器件应答信号后，再发送数据到被寻址的存储单元，从器件最后发送应答信号给主器件。

（5）页写时序

页写时序如图 3-4-6 所示。

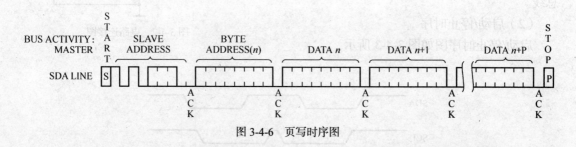

图 3-4-6　页写时序图

① 主器件（单片机）发送起始命令和从器件（AT24C02）的地址信息给从器件。

② 在从器件产生应答信号后，主器件发送 AT24C02 的字节地址。

③ 主器件接收另一个从器件应答信号后，再发送数据到被寻址的存储单元，从器件再次发送应答信号给主器件。

④ 最后主器件发送停止信号。

区别：页写初始化与字节写相同，只是主器件不会在第一个数据后发送停止条件，而是在 EEPROM 的 ACK 以后，接着发送 7 个数据。EEPROM 收到每个数据后都应答"0"，最后仍需由主器件发送停止条件。

（6）立即地址读时序

立即地址读时序如图 3-4-7 所示。

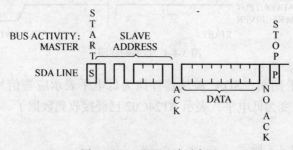

图 3-4-7　立即地址读时序图

① 主器件（单片机）发送起始命令和从器件（AT24C02）的地址信息给从器件。

② 在从器件产生应答信号后，主器件自动从上次的操作地址加 1 处开始读。

③ 主器件不需要发送应答信号，但要发送停止信号。

（7）选择读时序

选择读时序如图 3-4-8 所示。

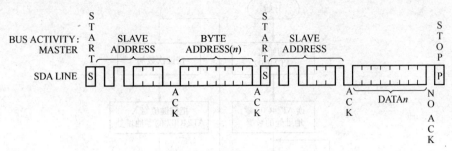

图 3-4-8　选择读时序图

① 主器件（单片机）发送起始命令和从器件（AT24C02）的地址信息给从器件。

② 在从器件产生应答信号后，主器件发送 AT24C02 的字节地址。

③ 主器件接收另一个从器件应答信号后，再次发送新的起始命令和从器件的地址信息给从器件。

④ 从器件产生应答信号后，主机读到一个 8 位字节的数据，不发送应答信号，但是要产生一个停止信号。

（8）连续读时序

连续读时序如图 3-4-9 所示。

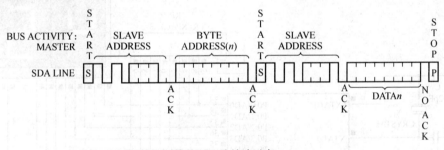

图 3-4-9　连续读时序

连续读时序与选择读的时序基本相同，只不过在最后主器件读到一个 8 位字节的数据后，主器件产生一个应答信号来响应，告知 AT24C02 要求更多的数据，对应每个主器件产生的应答信号，AT24C02 都将发送一个 8 位字节的数据。当主器件不发送应答信号，而发送停止信号时结束此操作。

三、硬件连接

将 JP32 的 1、2 两个引脚分别接到单片机 I/O 口的 P3.1 和 P3.2 口，将 JP33 的 S27 接到单片机的 P3.0 口。对于数码管的连接，请参看数码管的实验，并对代码中数码管的操作部分进行修改。

四、实验内容

本实验可以通过 AT24C02 记录下按键按下的次数（断电后仍然保存数据），并通过数码管显示出来。其程序流程图如图 3-4-10 所示。

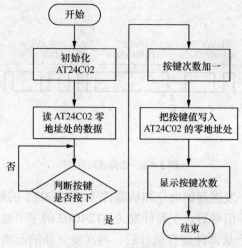

图 3-4-10　程序流程图

1．仿真部分

打开仿真电路图后，将AT24C02的.hex文件下载到单片机里面，查看实验结果。仿真电路图如图 3-4-11 所示。

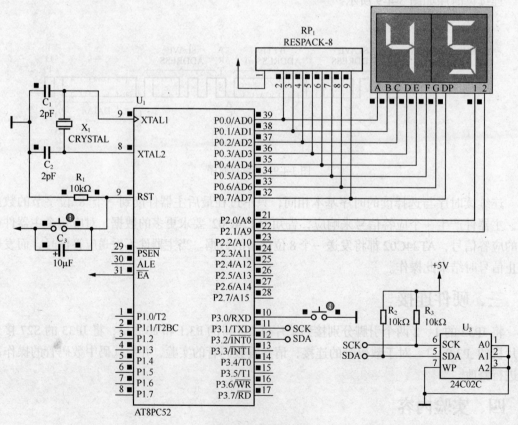

图 3-4-11　仿真电路图

2．实物部分

按照"三、硬件连接"说明连接好电路，打开 STC-ISP 烧录工具，将生成的.hex 文件下载到单片机里面，查看实验结果。

实验五　看门狗复位实验

一、实验目的

① 了解看门狗芯片 MAX813 的工作原理。
② 了解看门狗电路的作用。

二、实验准备

1. 看门狗电路的作用

看门狗电路其实是一个独立的定时器。它有一个定时器控制寄存器，可以设定时间（开狗），到达时间后要置位（喂狗）。如果没有的话，就认为是程序跑飞，就会发出 RESET 指令。

一般看门狗电路用来监视 MCU 内部程序运行状态，在程序跑飞或死锁情况下，可以自动复位。不过，由于厂家、型号不同可能有些差别。

看门狗电路的工作原理是：当系统工作正常时，CPU 将每隔一定时间输出一个脉冲给看门狗，即"喂狗"。若程序运行出现问题或硬件出现故障时而无法按时"喂狗"时，看门狗电路将迫使系统自动复位而重新运行程序。其主要作用是防止程序跑飞或死锁。

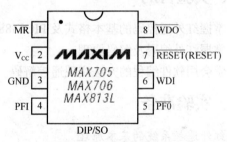

图 3-5-1　看门狗芯片图

2. 看门狗芯片 MAX813

看门狗芯片图如图 3-5-1 所示。
看门狗芯片引脚说明如表 3-5-1 所示。

表 3-5-1　　　　　　　　　　　　　　　　引脚说明

引脚号	引脚名称	引脚功能
1	MR	当该段输入低电平保持 140 ms 以上，MAX813 就输出复位信号，改输入端的最小输入脉宽要求可以有效地消除开关的抖动
2	V_{CC}	工作电源，接+5 V 电压
3	GND	电源接地端
4	PFI	当该输入端电压小于 1.25 V 时，PFO 引脚输出电压由高电平变为低电平
5	PFO	电源正常时，输出高电平，当电源电压变低或掉电时，输出由高电平变为低电平
6	WDI	程序运行时，必须在 1.6 s 的时间间隔内向该输入端发出一个脉冲信号，以清除芯片内部的看门狗定时器。若超过 1.6 s 该输入端收不到脉冲信号，则内部定时器溢出，WDO 由高电平变为低电平
7	RESET	上电时，自动产生 200 ms 的复位脉冲；手动复位端输入低电平时，该端也产生复位信号输出
8	WDO	正常工作时，输出保持高电平；看门狗输出时，输出低电平

三、硬件连接

连接好电源线和串口线，连接 JP26 的 RST 和 JP16 的复位脚，连接 JP26 的 WDI 和 P0.0 口。

四、实验内容

按照"三、硬件连接"连接好电路，打开 STC-ISP 烧录工具，将生成的.hex 文件下载到单片机里面，查看实验结果。

五、内容扩展

连接 JP26 的 PFO 脚到一个 LED 灯，调节电位器 R_{22}，可以看到转动到某一时刻，灯会变亮。

实验六　红外遥控实验

一、实验目的

① 掌握红外遥控码的基本格式及 PIC3388 红外接收头的应用。
② 掌握红外编码及解码原理。
③ 学会用软件编程的方法实现遥控解码。

二、实验准备

1. 红外遥控系统的基本原理

红外遥控是无线遥控的一种方式。红外遥控系统一般由红外发射装置和红外接收设备两大部分组成。红外发射装置又可由键盘电路、红外编码芯片、电源和红外发射电路组成。红外接收设备可由红外接收电路、红外解码芯片、电源和应用电路组成。通常为了使信号能更好的被传输，发送端将基带二进制信号调制为脉冲串信号，通过红外发射管发射。常用的有通过脉冲宽度来实现信号调制的脉宽调制（PWM）和通过脉冲串之间的时间间隔来实现信号调制的脉时调制（PPM）两种方法。红外遥控系统基本原理图如图 3-6-1 所示。

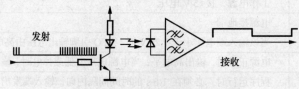

图 3-6-1　红外遥控系统基本原理图

2. 红外编码原理

常用的红外线信号传输协议有 ITT 协议、NEC 协议、Nokia NRC 协议、Sharp 协议、Philips RC-5 协议、Philips RC-6 协议，Philips RECS-80 协议以及 Sony SIRC 协议等。传输协议一般

由引导码、用户码、数据码、重复码或数据码的反码和结束码构成；传输协议常用的载波有 33K，36K，36.6K，38K，40K，56K，无载波；常用载波占空比为 1/3，1/2，不常用为 1/4；调制方式有脉宽调制、相位调制及脉冲位置调制。

3. 红外解码原理

本实验用的是 NEC 协议编码，由 38K 载波调制的红外编码。

4. NEC 协议

（1）调制

NEC 协议根据脉冲时间长短解码。每个脉冲为 560 μs 长的 38 kHz 载波（约 21 个载波周期）。逻辑 1 脉冲时间为 2.25 ms，逻辑 0 脉冲时间为 1.12 ms。其具体图释如图 3-6-2 所示。

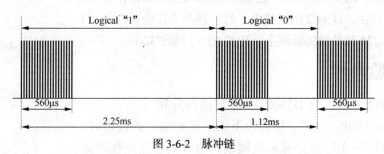

图 3-6-2　脉冲链

（2）协议

协议规定低位首先发送。如图 3-6-3 所示，发送的地址码为 "59"（十六进制），命令码为 "16"（十六进制）。每次发送的信息首先是用于调整红外接收器增益的 9 ms AGC（自动增益控制）高电平脉冲，接着是 4.5 ms 的低电平，接下来便是地址码和命令码。地址码和命令码发送两次，第二次发送的是反码（如：1111 0000 的反码为 0000 1111），用于验证接收的信息的准确性。因为每位都发送一次它的反码，所以总体的发送时间是恒定的（即每次发送时，无论是 1 或 0，发送的时间都是它及它反码发送时间的总和）。

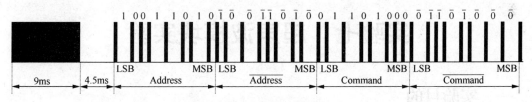

图 3-6-3　NEC 协议的典型脉冲链

当同一个按键一直被按住时，一串信息只能发送一次，并且发送的信号是以 110 ms 为周期的重复码，重复码由 9 ms 的 AGC 高电平和 4.5 ms 的低电平及一个 560 μs 的高电平组成，如图 3-6-4 和图 3-6-5 所示。

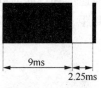

图 3-6-4　脉冲

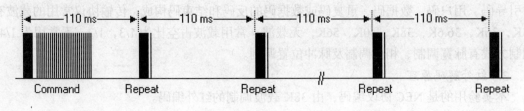

图 3-6-5　脉冲

三、硬件连接

连接好串口下载线与电源线，把 LCD1602 液晶正确插在 RFID 实验箱上标有 U21LCD1602 的插槽上，红外接收头正确插在 RFID 实验箱上标有 U26 红外线的插座上，JP37 的 2 口接 P32 口。

四、实验内容

程序运行结果为：LCD1602 液晶上两行分别显示" Red Control"、"IR-CODE：—H"，每当按下红外遥控器上的按键时，LCD1602 上的"—H"部分显示按键编码值。其程序流程图如图 3-6-6 所示。

按照"三、硬件连接"连接好电路，打开 STC-ISP 烧录工具，将生成的.hex 文件下载到单片机里面，查看实验结果。

五、内容扩展

利用 RFID 实验箱上的 LCD1602、红外接收头、红外遥控做一个红外遥控万年历，具体源代码见光盘。

图 3-6-6　主程序流程图

实验七　超声波模块实验

一、实验目的

超声波模块是一种利用超声波发射原理测量距离的传感器，被测距离一端为超声波传感器，另一端必须有能反射超声波的物体。测量距离时，将超声波传感器对准反射物发射超声波，并开始计时，超声波在空气中传播到达障碍物后被反射回来，传感器接收到反射脉冲后立即停止计时，然后根据超声波的传播速度和计时时间就能计算出两端的距离。本实验就是利用超声波模块来完成一定范围内的测距，完成本实验要达到以下目的。

① 理解超声波测距的原理。

② 了解超声波模块的内部组成。

③ 熟悉利用时序图来编写程序。

二、实验准备

1. 超声波模块的介绍

本实验采用的是市场上比较流行的一种超声波测距模块 HC-SR04，如图 3-7-1 所示。该模块精度可以达到 0.2 cm，测距范围在 2 cm～450 cm，使用电压为 5 V，静态电流小于 2 mA。在模块上标有 trig 的为触发信号控制输入端，标有 echo 的为回响信号输出端。

2. 超声波模块的工作原理

超声波发射器向某一方向发射超声波，在发射时刻的同时开始计时，超声波在空气中传播，途中碰到障碍物就立即返回来，超声波接收器收到反射波就立即停止计时。超声波在空气中的传播速度为 340 m/s，根据计时器记录的时间 t，就可以计算出发射点距障碍物的距离 (S)，即：$S=340t/2$。

只要测得超声波往返的时间，即可求得距离。这就是超声波测距仪的基本原理，如图 3-7-2 所示。

图 3-7-1 超声波模块实物图

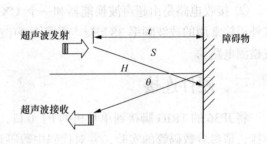

图 3-7-2 基本原理图

$$H = S\cos\theta \tag{1}$$

$$\theta = \mathrm{arctg}\left(\frac{L}{H}\right) \tag{2}$$

式中，L——两探头之间中心距离的一半。

又知道超声波传播的距离为：

$$2S = vt \tag{3}$$

式中，v——超声波在介质中的传播速度；

t——超声波从发射到接收所需要的时间。

将式（2）、（3）代入式（1）中得：

$$H = \frac{1}{2}vt\cos\left[\mathrm{arctg}\frac{L}{H}\right] \tag{4}$$

其中，超声波的传播速度 v 在一定的温度下是一个常数（例如在温度 T=20 度时，v=344m/s）；当需要测量的距离 H 远远大于 L 时，则(4)变为：

$$H = \frac{1}{2}vt \tag{5}$$

所以，只要需要测量出超声波传播的时间 t，就可以得出测量的距离 H。那么怎么利用单片机控制超声波模块来得到超声波传播的时间呢？具体步骤如下。

① 给 TRIG 一个至少 10 μs 的高电平信号。

② 超声波模块会自动发送 8 个 40 kHz 的方波，并自动开始检测是否有信号返回。

③ 若有信号返回，就会通过 ECHO 输出高电平信号，高电平信号的持续时间即为超声波传输的时间。

3. 超声波模块内部电路的组成

事实上，驱动超声波模块工作并不需要具体了解超声波模块的内部电路的构成，但知道其内部的构造有助于大家理解模块的工作原理。在这里只简单介绍超声波内部电路的构成。

超声波模块中主要由发射电路和接收电路组成。

① 发射电路中又由超声波换能器和 40 kHz 的方波产生电路构成，而产生 40 kHz 的方波主要有软件发生法和硬件发生法。软件发生法就是利用单片机的定时器产生中断信号发生方波，这就必须将定时器的溢出中断设为最高优先级。但这样做，会使得中断过于频繁，主程序将不能及时处理其他事情及中断，从而影响系统的总体性能。而采用硬件发生法就不会产生这些问题，而且编程会更加简单，所以通常 40 kHz 的方波由硬件电路产生，比如用 NE555 电路设计。

② 接收电路是由超声波换能器和一个 CX20106A 红外检波接收电路构成。由于考虑到红外遥控常用的载波频率 38 kHz 与测距超声波频率 40 kHz 较为接近，可以利用它作为超声波检测电路。

三、硬件连接

将 JP36 的 TRIG 脚接到单片机的 P1_0 口，ECHO 接到单片机的 P1_1 口。对于数码管的连接，请参看数码管的实验，并对代码中数码管的操作部分进行修改。

四、实验内容

本实验可以通过超声波测距模块测量一定距离范围内超声波模块前方障碍物距模块的距离，并通过数码管显示出来。其程序流程图如图 3-7-3 和图 3-7-4 所示。

1. 部分程序分析

（1）超声波发射程序

```
void Time1() interrupt 3
{
    display(Distance);
    TH1=(65536-2000)/256;
    TL1=(65536-2000)%256;
    num++;
    if(num>=50)
    {
        num=0;
        Send=1;
        delay_20us();
        Send=0;
        send_again=1;
        TR1=0;
        led=1;
    }
}
```

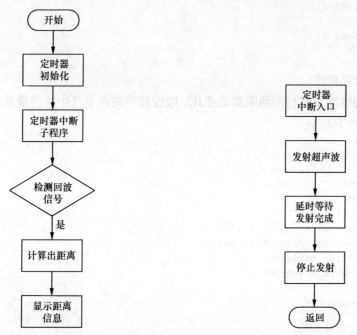

图 3-7-3　主程序流程图　　　　　　图 3-7-4　定时器中断子程序流程图

本程序主要依据图 3-7-5 的时序关系，给发射电路一个大于 10 μs 的高电平，就会循环产生 8 个 40 kHz 的脉冲驱动发射头发出超声波。可以看到，超声波发射程序写到了定时器 1 的中断服务程序中，让超声波大约每隔 100 ms 发送一次。

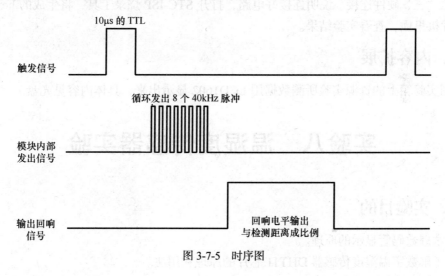

图 3-7-5　时序图

（2）超声波接收程序

当发射出去的超声波被探测物表面反射回来，接收电路接收到回波后，就会产生高电平信号。当接收到高电平时，立即打开定时器开始计时，直到高电平信号消失。

```
Send=1;
led=0;
while(Receive==0);
TR0=1;
```

```
while(Receive==1);
TR0=0;
Distance=Count();
TR1=1;
```

（3）距离计算程序

回响信号的脉冲宽度与所测距离成正比，假设超声波在空气中的传播速度为 340 m/s，则距离为：$S=340 \times T/2$。

```
uint Count()
{
    uint date;
    H_data=TH0;
    L_data=TL0;
    time_data=H_data;
    time_data=(time_data<<8)|L_data;
    date=1.7*time_data/100;
    if(date<=warn_distance)
    {
        Beep_run();
    }
    if(date>=500)
        date=0;
    return date;
}
```

2. 实物部分

按照"三、硬件连接"说明连接好电路，打开 STC-ISP 烧录工具，将生成的.hex 文件下载到单片机里面，查看实验结果。

五、内容扩展

利用实验箱上的资源实验所测数据用 LCD1602 显示出来，具体内容见光盘。

实验八 温湿度传感器实验

一、实验目的

① 掌握数码管显示的原理。

② 了解数字温湿度传感器 DHT11 芯片的原理和用法。

二、实验准备

1. DHT11 传感性能

DHT11 传感性能参数如表 3-8-1 所示。

表 3-8-1　　　　　　　　　　　　　DHT11 传感性能参数

参　数	条　件	Min	Typ	Max	单　位
湿度					
分辨率		1	1	1	%RH
			8		bit
重复性			± 1		%RH
精度	25℃		± 4		%RH
	0 – 50℃			± 5	%RH
互换性	可完全互换				
量程范围	0℃	30		90	%RH
	25℃	20		90	%RH
	50℃	20		80	%RH
响应时间	1/e(63%)25℃，1m/s 空气	6	10	15	s
迟滞			± 1		%RH
长期稳定性	典型值		± 1		%RH/yr
温度					
分辨率		1	1	1	℃
		8	8	8	Bit
重复性			± 1		℃
精度		± 1		± 2	℃
量程范围		0		50	℃
响应时间	1/e(63%)	6		30	s

2. 接口说明

DHT11 典型应用电路接口说明如图 3-8-1 所示。

3. 封装信息

封装信息图如图 3-8-2 所示。

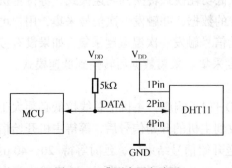

图 3-8-1　典型应用电路图

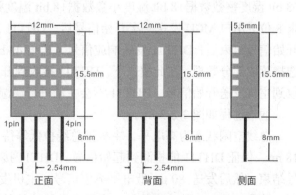

图 3-8-2　封装信息图

4. 引脚说明

引脚说明如表 3-8-2 所示。

表 3-8-2 引脚说明

Pin	名 称	注 释
1	V_{DD}	供电 3～5.5VDC
2	DATA	串行数据，单总线
3	NC	空脚，请悬空
4	GND	接地，电源负极

DHT11 的供电电压为 3～5.5V。传感器上电后，要等待 1 s 以越过不稳定状态。

在此期间无需发送任何指令。电源引脚（V_{DD}，GND）之间可增加一个 100 nF 的电容，用以去耦滤波。

5. 电气说明

电气说明如表 3-8-3 所示。

表 3-8-3 电气说明

参 数	条 件	min	Typ	max	单 位
供电	DC	3	5	5.5	V
供电电流	测量	0.5		2.5	mA
	平均	0.2		1	mA
	待机	100		150	μA
采样周期	秒	1			秒

6. 串行接口（单线双向）

DATA 用于微处理器与 DHT11 之间的通信和同步，采用单总线数据格式，一次通信时间为 4 ms 左右，数据分小数部分和整数部分，具体格式在下面说明。当前小数部分用于以后扩展，现读出为零。其操作流程如下。

一次完整的数据传输为 40 bit，高位先出。数据格式：8 bit 湿度整数数据+8 bit 湿度小数数据+8 bit 温度整数数据+8 bit 温度小数数据+8 bit 校验和数据传送正确时校验和数据等于"8 bit 湿度整数数据+8 bit 湿度小数数据+8 bit 温度整数数据+8 bit 温度小数数据"所得结果的末 8 位。用户 MCU 发送一次开始信号后，DHT11 从低功耗模式转换到高速模式，等待主机开始信号结束后，DHT11 发送响应信号，送出 40 bit 的数据，并触发一次信号采集，用户可选择读取部分数据。在此模式下，DHT11 接收到开始信号触发一次温湿度采集，如果没有接收到主机发送开始信号，DHT11 不会主动进行温湿度采集。采集数据后转换到低速模式。

通信过程如图 3-8-3 所示。

总线空闲状态为高电平，主机把总线拉低等待 DHT11 响应，主机把总线拉低必须大于 18 ms，保证 DHT11 能检测到起始信号。DHT11 接收到主机的开始信号后，等待主机开始信号结束，然后发送 80 μs 低电平响应信号。主机发送开始信号结束后，延时等待 20～40 μs 后，读取 DHT11 的响应信号。主机发送开始信号后，可以切换到输入模式，或者输出高电平，总线由上拉电阻拉高。

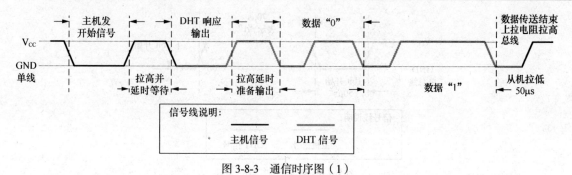

图 3-8-3 通信时序图（1）

通信过程如图 3-8-4 所示。

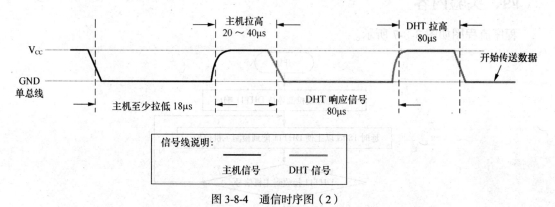

图 3-8-4 通信时序图（2）

总线为低电平，说明 DHT11 发送响应信号。DHT11 发送响应信号后，再把总线拉高 80 μs，准备发送数据，每 1 bit 数据都以 50 μs 低电平时隙开始，高电平的长短决定数据位是 0 还是 1。其格式如图 3-8-5 所示。如果读取响应信号为高电平，则 DHT11 没有响应，请检查线路是否连接正常。当最后 1 bit 数据传送完毕后，DHT11 拉低总线 50 μs，随后总线由上拉电阻拉高进入空闲状态。

数字"0"信号表示方法如图 3-8-5 所示。

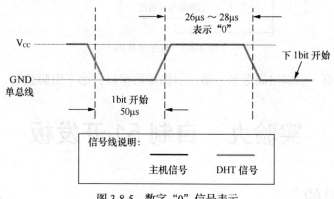

图 3-8-5 数字"0"信号表示

数字"1"信号表示方法，如图 3-8-6 所示。

三、硬件连接

连接好电源线和串口线，连接 JP37 的 RH 和 P2.0 口。

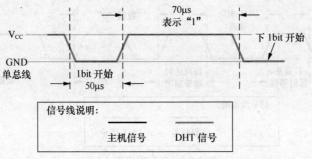

图 3-8-6   数字"1"信号表示

四、实验内容

程序流程图如图 3-8-7 所示。

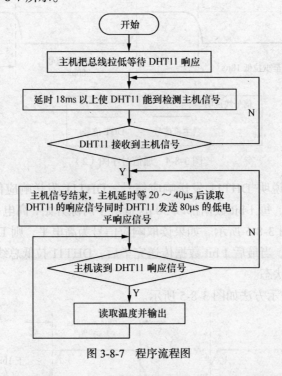

图 3-8-7   程序流程图

将 DHT11 的第一引脚接高电平，第二引脚接数据口，第三引脚悬空，第四个引脚接地。

实验九   自制 51 开发板

一、实验目的

① 了解 Altimu Designer 从绘制原理图到生成 PCB 的过程。

② 学会画单片机的最小系统。

③ 自制简单的 51 开发板。

二、实验准备

安装 Altimu Designer 6.9 的过程如下。

首先解压缩安装文件，然后单击进入"Setup"文件夹，如图 3-9-1 所示。

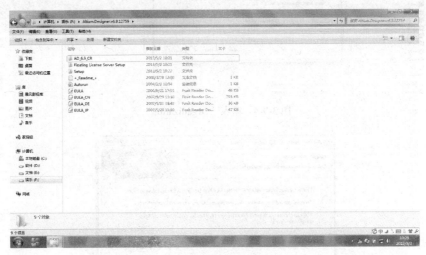

图 3-9-1 解压文件

双击"Setup.exe"应用程序开始安装，如图 3-9-2 所示。

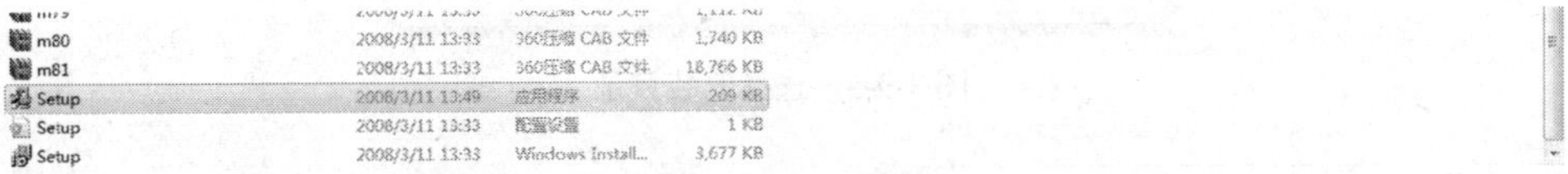

图 3-9-2 双击"Setup.exe"文件进行安装

出现如图 3-9-3 所示界面，直接单击"Next"按钮。

接着输入"Organization"，输入完毕后，单击"Next"按钮，如图 3-9-4 所示。

选择安装文件目录，单击"Next"按钮，如图 3-9-5 所示。

随后进入安装过程，等待几分钟安装结束，如图 3-9-6 和图 3-9-7 所示。

图 3-9-3 进入安装界面

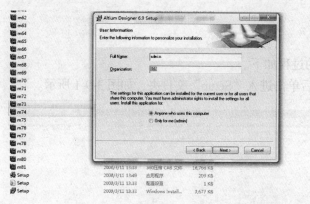

图 3-9-4 输入 "Organization"

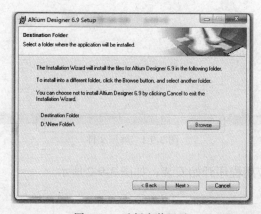

图 3-9-5 选择安装目录

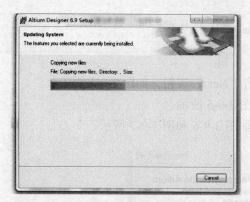

图 3-9-6 安装进行中

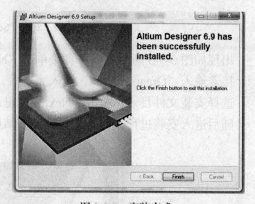

图 3-9-7 安装完成

最后就是 "License" 破解，打开安装文件，单击进入 "AD_6.9_CR" 文件夹，如图 3-9-8 所示。

图 3-9-8 AltiumDesigner 破解

复制里面的"dxp"应用程序，如图 3-9-9 所示。

图 3-9-9　AltiumDesigner 破解

复制到安装文件目录，如图 3-9-10 所示。

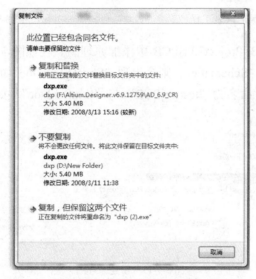

图 3-9-10　AltiumDesigner 破解

选择复制替换，这样整个安装过程就结束了。

三、实验内容

单片机最小系统或者称为最小应用系统是指用最少的元件组成的单片机可以工作的系统。

对 51 系列单片机来说，单片机+晶振电路+复位电路便组成了一个最小系统。下面利用 Altium Diesigner 来绘制一个简单的最小系统。

1. 新建一个 PCB 工程

首先，建立一个 PCB 工程文件，"New"→"Project"→"PCB Project"，如图 3-9-11 所示。

2. 添加原理图

在左边的"Projects"栏目里就会出现如图 3-9-12 所示内容。

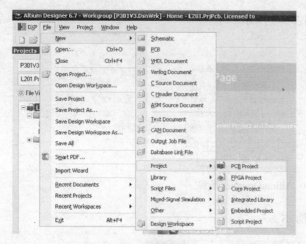

图 3-9-11　新建 PCB 工程

图 3-9-12　新建工程

此时需要在这个 PCB_Project1.PrjPCB 中添加原理图。在如图 3-9-12 所示位置单击右键 "Add New to Project" → "Schematic"，则会出现 "Sheet1.SchDoc" 的原理图文件，先保存一下成为简洁名字的命名。命名为 "test.PrjPCB" 与 "test.SchDoc"，如图 3-9-13 所示。

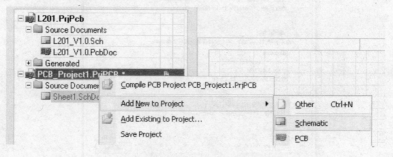

图 3-9-13　新建原理图

接下来就进行原理图的绘制。

添加原理图库，在库中找到所需的元器件（如图 3-9-14 所示），具体步骤如下。

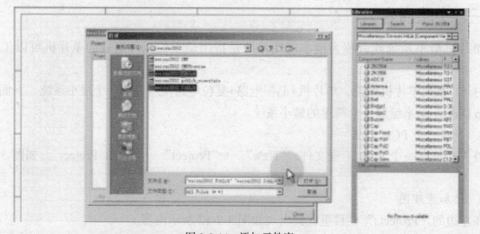

图 3-9-14　添加元件库

按照如下的方式找到所虚的元器件，如图 3-9-15 所示。

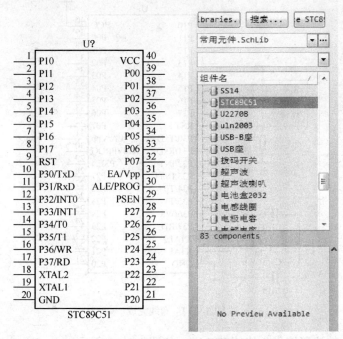

图 3-9-15　添加元件

所取得元件按图 3-9-16 所示接好晶振和复位电路。

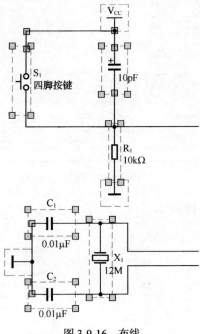

图 3-9-16　布线

做好后连接到主芯片 89C51 上，这样就基本绘制好了一个最小系统的原理图，如图 3-9-17 所示。

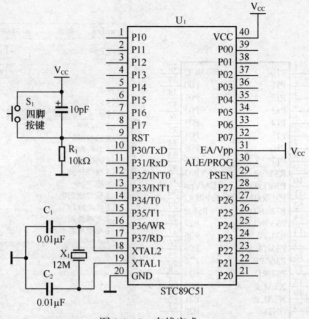

图 3-9-17　布线完成

进行元器件的注释编号（快捷键 TA），如图 3-9-18 所示。

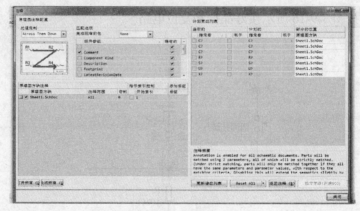

图 3-9-18　编号

然后更改编号，如图 3-9-19 所示。

当前的			计划的		部分的位置
指定者	/	低于	指定者	低于	原理图方块
C?			C3		Sheet1.SchDoc
C?			C2		Sheet1.SchDoc
C?			C1		Sheet1.SchDoc
R?			R1		Sheet1.SchDoc
S?			S1		Sheet1.SchDoc
U?			U1		Sheet1.SchDoc
X?			X1		Sheet1.SchDoc

图 3-9-19　更改编号

接受后执行就完成了标号，如图 3-9-20 所示。

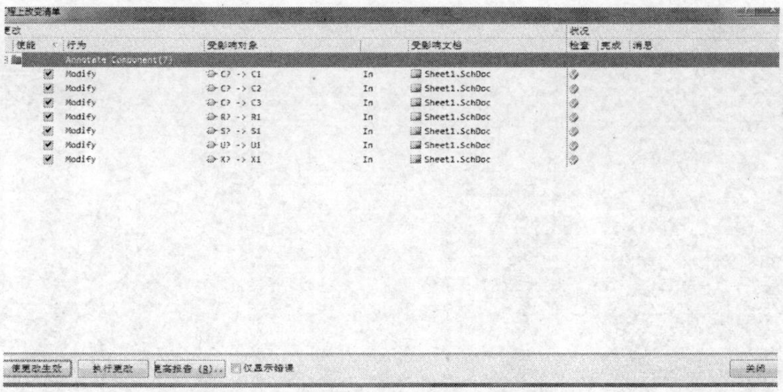

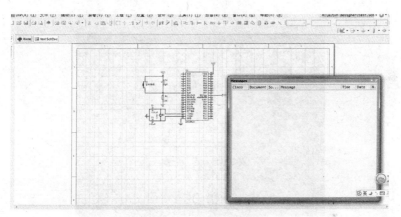

图 3-9-20　更改完成

然后进行编译，按快捷键 PD，如图 3-9-21 所示。

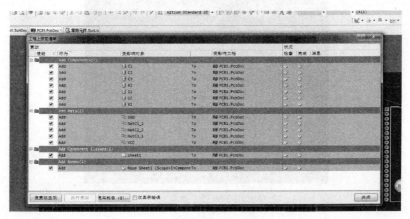

图 3-9-21　编译工程文件

3．编译完成

编译完成后，新建一个 PCB 文件，然后按 D 键和 U 键生成按执行更新生成 PCB，如图 3-9-22 所示。

图 3-9-22　生成 PCB

然后开始布局，如图 3-9-23 和图 3-9-24 所示。

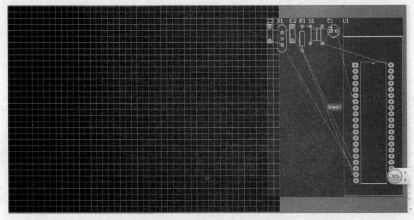

图 3-9-23　PCB 图（1）

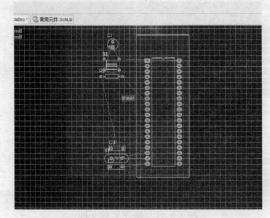

图 3-9-24　PCB 图（2）

布局好后开始自动布线，如图 3-9-25 所示。

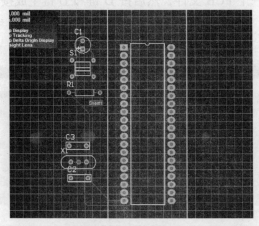

图 3-9-25　布线

这样就基本上完成了单片机最小系统的绘制，其 3D 效果如图 3-9-26 和图 3-9-27 所示。

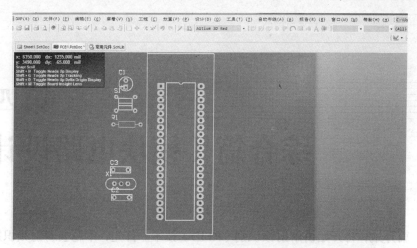

图 3-9-26　3D 效果图（1）

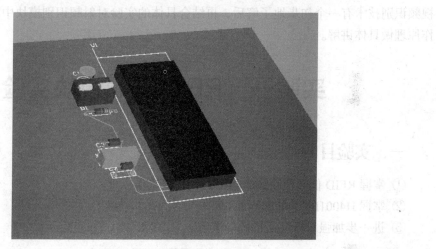

图 3-9-27　3D 效果图（2）

第四章
综合篇（模块电路设计）

从这一篇开始，将开始讲解射频识别（RFID）技术。首先，本篇会对射频识别技术做一个初步的介绍，然后对本实验箱中应用到的相关射频识别模块做一个简单的讲解，在读者对视频识别技术有一个初步地了解后，再结合具体的实验对射频识别模块中涉及的知识点和工作原理做具体讲解。

实验一　RFID 低频模块实验

一、实验目的

① 掌握 RFID 低频模块读卡器 U2270B 的工作原理。
② 掌握 H4001ID 卡的解码原理。
③ 进一步加强对曼彻斯特码的了解。

二、实验准备

1. U2270B 的作用

U2270B 是工作于 125 kHz 的用于阅读器的集成芯片。它是应答器和微控制器（MCU）之间的接口。它可以实现向应答器传输能量、对应答器进行读/写操作，可以与 e555X 系列等应答器配套使用。它与微控制器的关系是，在微控制器的控制下，实现收/发转换，并且将接收到的应答器的数据传送给微控制器。芯片如图 4-1-1 所示。

2. U2270B 引脚功能

U2270B 引脚功能如表 4-1-1 所示。

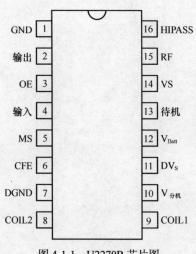

图 4-1-1　U2270B 芯片图

表 4-1-1   U2270B 芯片引脚功能

引脚号	名称	功能描述	引脚号	名称	功能描述
1	GND	地	9	COIL1	驱动器 1
2	输出	数据输出	10	V 分机	外部电源
3	OE	使能	11	DVs	驱动器电源
4	输入	信号输入	12	VBatt	地池电压接入
5	MS	模式选择	13	待机	低功耗控制
6	CFE	载波使能	14	Vs	内部电源
7	DGND	驱动器地	15	RF	载波频率调节
8	CDIL2	驱动器 2	16	HIPASS	DC 脱钩

3. RFID 低频模块的原理

本实验箱的 RFID 低频模块的功能就是解码读取只读 RFID 卡的信息（通常就是简单的序列号）。工作时，基站芯片 U2270B 通过天线（一般使用铜制漆包线绕制直径 3 cm、线圈 100 圈即可，电感值为 1.35 mH）以约 125 kHz 的调制射频信号为 RFID 卡提供能量（电源），同时能接收来自 H4001 的信息，并以曼彻斯特编码（Manchester）输出。而单片机则是从 U2270B 得到 H4001 卡的 64 位信息，根据曼彻斯特编码规则进行解码，对数据加以校验，获取其中代表 1O 位十进制序列号的 32 位二进制数。本实验箱的 RFID 低频模块原理图如图 4-1-2 所示。

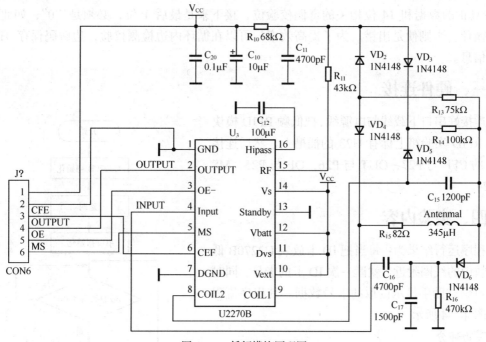

图 4-1-2   低频模块原理图

4. RFID 卡 H4001 及曼彻斯特编码

本实验箱的 RFID 模块中，配套使用的 RFID 卡是 EM Microelectronic 公司的 H4001。该

卡属于无源的低频 RFID 卡，典型工作频率为 125 kHz，工作所需要的能量是通过电磁耦合单元或天线，以非接触的方式传送。当获得足够能量后，H4001 便不断循环地往外部发送其自身的序列号等 64 位信息，发送时要对数据进行曼彻斯特编码和信号调制。其规则如下：在每个时钟周期（对应 1 位数据）的中间位置，当数据位为"1"时电平由高向低跳变，而数据位为"0"时电平由低向高跳变。本模块的另一种表示方法则恰好相反，其波形如图 4-1-3 所示。

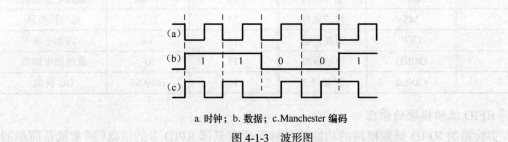

a. 时钟；b. 数据；c.Manchester 编码

图 4-1-3　波形图

其解码方法如下：在每个位时钟周期的中间位置检测电平的变化情况，如果检测到电平由低变高则该位解码为"0"；反之，电平由高变低则解码为"1"；若未发生变化则视为信号异常进行出错处理。

H4001 没有专门的硬同步信号，不能检测特殊信号作为起始标志，而是规定 64 位数据位的前 9 位固定为全"1"，最后 1 位设定为"0"，作为起始和结束标志或设定为同步信息。解码时，应该先检测到 1 位"0"，再接着检测连续的 9 位"1"，后续的 54 个信息位便是40 位真正的数据和 14 位相关的奇偶校验位，接下来是最后 1 位，必须是"0"，如此继续下一循环，否则便是出错。为了提高效率，可以在循环内边检测校验，边解码保存 H4001 卡的信息。

三、硬件连接

连接好串口下载线与电源线，把低频 RFID 模块插在 RFID 实验箱上标有 U23 的插槽上，然后连接 JP34 的 CFE 与 P27，OUT 与 P26，OE 与 P25，MS 与 P24。

四、实验内容

程序运行结果为：每当把 ID 卡放入 U2270B 低频模块中的线圈附近，就读一次 ID 卡的卡号，同时在串口调试助手显示读取的卡号数据。其程序流程图如图 4-1-4 所示。

实物部分

按照"三、硬件连接"连接好电路，打开 STC-ISP 烧录工具，将生成的.hex 文件下载到单片机里面，查看实验结果。

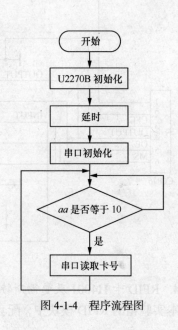

图 4-1-4　程序流程图

实验二 RFID 初步了解实验

通过对上一实验讲到的射频识别概述的学习，相信大家已经对射频识别技术有了一个初步的了解，下面将结合一个射频识别的实验对射频识别作进一步的学习。注意，大家在学习本实验的时候，不必深究实验程序，只需要对程序的大体流程有一个简单的把握即可。相关的原理会在后面的实验中详述。

一、实验目的

在本实验中，将使用一款 MFRC522 射频卡读卡模块读取无源射频卡上的信息，并通过 LCD12864 显示出来。完成本实验要达到以下目的。

① 进一步了解射频识别模块。

② 对射频识别技术有一个整体上的把握。

二、实验准备

1. MFRC522 简介

MFRC522 是高度集成的非接触式（13.56 MHz）读卡芯片。该发送模块支持下面的工作模式。

（1）读写器

MFRC522 的内部发送器部分可驱动读写器与 ISO14443A/MIFARE 卡或应答器的通信，不需要其他的电路。

（2）SPI 接口

（3）串行 UART

（4）I2C 接口

MFRC522 还具有以下特性：①高度集成的模拟电路解调和译码响应；②读卡器模式中与应答器的通信距离可达到 5 cm，主要取决于天线长度；③64 字节的发送和接收 FIFO 缓冲区；④可编程定时器；⑤自由编程的 I/O 管脚。

2. 射频识别读卡模块原理图

从图 4-2-1 可以看出，射频识别模块只包含一个简单的天线电路和晶体振荡电路，然后有 5 个与单片机进行通信的接口。实际上，对于射频识别读卡模块的内部原理并不需要做过多的了解，掌握以下 5 个通信接口就可以了。

CS：片选信号口。

RST：复位信号口。

SCK：时钟信号口。

MOSI：主机输出/从机输入数据线。

MISO：主机输入/从机输出数据线。

在对射频识别读卡器编程的过程中，只需要利用之前学过的 SPI 总线通信的原理即可，剩下的就只是了解一些 MFRC522 内部寄存器的命令了。

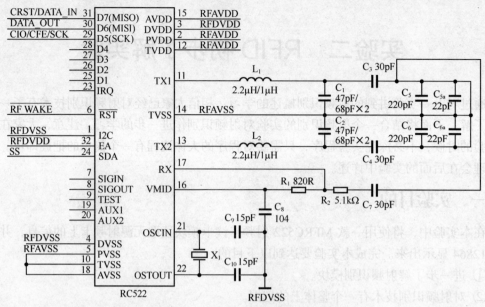

图 4-2-1　射频识别读卡模块原理图

3. 射频识别程序模块化介绍

射频识别程序主要包括以下几个程序模块：①LCD12864 模块；②按键模块；③射频识别模块。

在射频识别模块中又分为以下几个模块：①MFRC522 复位模块；②天线控制模块；③读卡模块；④防冲突模块；⑤CRC 校验模块；⑥写卡模块。

程序的模块化视图如图 4-2-2 所示。

LCD12864 模块：用于显示从应答器读出的相关信息。

按键模块：用于控制射频识别模块的相关动作。

视频识别模块：用于与应答器通信，完成信息的交互。

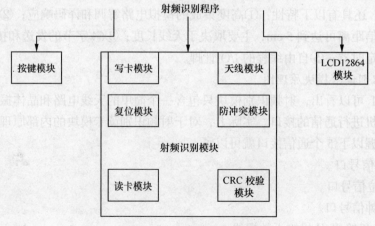

图 4-2-2　程序模块化视图

4. 程序流程

为了简化流程图，没有加上按键的判断模块，基本的读卡流程图如图 4-2-3 所示。

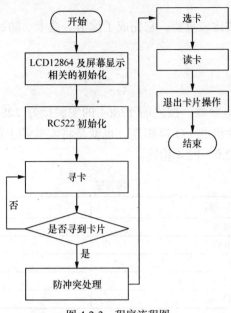

图 4-2-3　程序流程图

5. 实验程序

下面将讲解主函数里面的几个函数模块的功能（注意，在后面的实验中用到的函数，大家可在实验文档程序中找到，后面不再赘述）。其主函数如下。

```
void main()
{
    Init();
    PcdReset();
    PcdAntennaOn();
    while(1)
    {
        keyscan();
        Card_Reader();
    }
}
```

（1）Init();

初始化 LCD12864，并在屏幕上显示简单的菜单信息（如图 4-2-4 所示）。具体的代码就不再作详细的讲解，若读者还有问题，可以参看前面的 LCD12864 的实验。

（2）PcdReset();

通过这个函数对 RC522 的一些寄存器进行设置，从而唤醒并复位 RC522。

（3）PcdAntennaOn();

打开射频卡读卡模块天线，为应答器提供能量。

（4）keyscan();

键盘扫描函数，选择菜单中相应的功能。

图 4-2-4　初始化实验图

（5）Card_Reader();

读卡器程序，这个函数比较重要，它完成了读卡、选卡、防冲突等功能。在接下来的实验中将重点讲解这个函数。

三、硬件连接

连接好串口下载线与电源线，按之前 12864 的实验接好 12864 液晶屏，并将阅读器的引脚按表 4-2-1 所示与单片机的 I/O 口相连。也就是将实验箱上的 JP35 的 5 个接口分别按表 4-2-1 所示与单片机的 P2.0～P2.4 相连。

表 4-2-1 引脚连接

引 脚 名 称	连 接
RFID_NCS	P2.0
RFID_NRST	P2.1
PSCK	P2.2
PMOSI	P2.3
PMISO	P2.4

四、实验内容

按照"三、硬件连接"把电路连接好后，打开 STC-ISP 烧录工具，将生成的.hex 文件下载到单片机里面，烧写完成后即可以选择功能按键开始读卡了。其具体步骤如下。

① 将卡片靠近射频模块附近，按下功能键 1，选择"开始寻卡"，寻到卡片后，会显示出卡片类型，如图 4-2-5 所示。

图 4-2-5 实验现象（1）

② 按下功能键 2，可以读到卡片序列号，如图 4-2-6 所示。

③ 按下功能键 3，开始选卡，如图 4-2-7 所示。

图 4-2-6 实验现象（2）

图 4-2-7 实验现象（3）

实验三 RFID 寄存器简单介绍实验

一、实验目的

学习了本章实验一后，相信大家已经对射频识别技术已经有了一定的了解。下面将结合代码中出现的寄存器的设定对 MFRC522 的相关寄存器的功能做简单介绍，并介绍一种串口调试方法，让大家通过串口来观察这些寄存器的值的变化。完成本实验要达到以下目的。

① 了解 MFRC522 的初始化设定。

② 知道 MFRC522 相关寄存器的功能。

③ 熟悉串口调试方法。

二、实验准备

1. MFRC522 的复位时序要求

复位信号必须经过一个滞后电路和窄带滤波器再进入数字电路。为了实现复位，信号至少为 100 ns。故函数用了以下程序实现。

```
RFID_NRST=1;
Delay(1000);
RFID_NRST=0;
Delay(1000);
RFID_NRST=1;
Delay(1000);
```

2. 初始化寄存器的设置

对 MFRC522 寄存器的设置，实质上就是向相应的寄存器写入值。这里就会多次用到这个函数：void WriteRawRC（unsigned char Address，unsigned char value）；Address 设置寄存器的地址，value 传递写入寄存器的值。具体的函数实现也是采用的 SPI 通信的原理，发送字节的时候也是先发送字节的最高位，地址字节的传输格式如图 4-3-1 所示。第一个字节的 MSB 位设置使用的模式：MSB 位为 1 时，从 MFRC522 读出数据；MSB 位为 0 时，将数据写入 MFRC522。第一个字节的位 6-位 1 定义的地址，最后一位应当设置为 0。

地址（MOSI）	位 7，MSB	位 6—位 1	位 0
字节 0	1（读） 0（写）	地址	RFU（0）

图 4-3-1 地址字节的传输格式

接下来对使用到的几个寄存器进行讲解。

（1）WriteRawRC(CommandReg,0x0F);

CommandReg：启动和停止命令的执行，如图 4-3-2 所示。

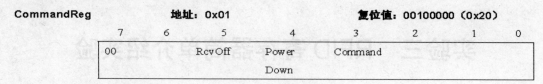

图 4-3-2　CommandReg

7-6 位：保留位。

5 位：该位置位时，接收器的模拟电路部分被关断。

4 位：置位时，进入软 PowerDown 模式；该位置零时，MFRC522 启动唤醒过程。

3-1 位：命令代码 Soft Reset，用于设置复位 MFRC522。

（2）WriteRawRC(ModeReg,0x3D)；

ModeReg：定义发送和接收的常用模式，如图 4-3-3 所示。

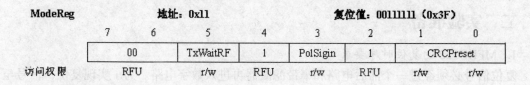

图 4-3-3　ModeReg

7-6 位：保留位。

5 位：如果 RF 场产生，则 TxWaitRF 置位，发送器只能在此时被启动。

4 位：保留位。

3 位：PolSigin 定义 SIGIN 管脚的极性。PolSigin 为 1 时，SIGIN 管脚高电平有效，PolSigin 为 0 时，SIGIN 管脚低电平有效。

2 位：保留位。

1-0 位：定义 CRC 协处理器 CalCRC 命令的预置值。这两位各个状态对应的 CalCRC 的预置值如下：00:0000；01:6363；10：A671；11：FFFF。在后面讲解 CRC 校验的时候会讲到这个预置值的设定。

（3）WriteRawRC(TReloadRegL,30)、WriteRawRC(TReloadRegL,0)；

TReloadReg：描述 16 位长的定时器重装值，TReloadRegL、TReloadRegH 分别是寄存器的低 8 位和高 8 位。

（4）WriteRawRC(TModeReg,0x8D)；

TModeReg：定义内部定时器的设置，如图 4-3-4 所示。

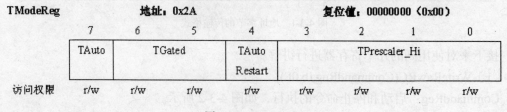

图 4-3-4　TModeReg

各个位的功能如图 4-3-5 所示。

位	符号	功能
7	TAuto	该位置位时，定时器在所有速率的发送结束时自动启动。在接收到第一个数据位后定时器立刻停止运行。如果该位清零，表明定时器不受通信协议的影响
6-5	TGated	内部定时器工作在门控模式。 注：在门控模式中，当定时器通过寄存器的位被使能时，TRunning 置位。它不受门控信号的影响 状态　　描述 00　　非门控模式 01　　SIGIN 用作门控信号 10　　AUX1 用作门控信号 11　　A3 用作门控信号
4	TAutoRestart	该位置位时，定时器自动重新从 TReloadValue 的值开始递减计数，而不是从 0 计数值开始操作 该位清零时，定时器递减计数到 0，TimerIRq 位设置为 1
3-0	TPrescaler_Hi	定义 TPrescaler 的高 4 位 利用下面的公式来计算 f_{Timer}： $f_{Timer} = 6.78\text{MHz} / TPreScaler$

图 4-3-5　各个位的功能

（5）WriteRawRC(TPrescalerReg,0x3E);

TPrescalerReg：定义 TPrescaler 的低 8 位，如图 4-3-6 所示。定时器有一个 6.78 MHz 的输入时钟，定时器包含两个阶段：1 个与分频阶段和 1 个计数器。预分频器是一个 12 位的计数器。TPrescaler 的重装值在 TModeReg 和 TPrescalerReg 中定义。

位	符号	功能
7-0	TPrescaler_Lo	定义 TPrescaler 的低 8 位 利用下面的公式来计算 f_{Timer}： $f_{Timer} = 6.78\text{MHz} / TPreScaler$

图 4-3-6　TPrescalerReg

3. 射频模块天线的介绍

天线的作用有两个，一个是建立稳定的激励磁场，另一个是接受来自标签的调制信号。标签要在距天线一定距离的地方获得稳定的工作电源，就必须和天线有较大的互感系数，同时天线的磁通也要尽可能大。天线要在与标签保持一定距离的地方获得较强的调制信号，就必须有合适的品质因数。

一般来说，工作频率为 13.56 MHz 的射频标签被称为高频段标签，但是其识别原理同低频类似，即采用电磁耦合的方式从阅读器耦合线圈的辐射近场中获得能量。标签与阅读器进行数据交换时，标签必须位于阅读器天线辐射的近场区内。阅读距离一般情况下小于 1 m。

要实现阅读器和接收器之间的通信，首先必须打开天线，使阅读器为接收器提供能量，并发送信息。在 MFRC522 中是通过 TxControlReg 寄存器来完成天线的设置。

TxControlReg：控制天线驱动器管脚 TX1 和 TX2 的逻辑操作，如图 4-3-7 所示。

TxControlReg			地址：0x14				复位值：10000000（0x80）	
7	6	5	4	3	2	1	0
InvTX2RFOn	InTX1RFOn	InvTX2RFOff	InvTX1RFOff	Tx2CW	0	Tx2RFEn	Tx1RFEn
r/w	r/w	r/w	r/w	r/w	RFU	r/w	r/w

访问权限

图 4-3-7　TxControlReg

各个位的功能如图 4-3-8 所示，所以只用将 TxControlReg 的最后两位置位即可。

位	符号	功能
7	InvTX2RFOn	如果驱动器 TX2 被使能，则该位置位，TX2 管脚的输出信号反相
6	InvTX1RFOn	如果驱动器 TX1 被使能，则该位置位，TX1 管脚的输出信号反相
5	InvTX2RFOff	如果驱动器 TX2 被禁能，则该位置位，TX2 管脚的输出信号反相
4	InvTX1RFOff	如果驱动器 TX1 被禁能，则该位置位，TX1 管脚的输出信号反相
3	Tx2CW	该位置位时，TX2 管脚的输出信号不断传递未调制的 13.56 MHz 的能量载波信号 该位清零时，Tx2CW 使能调制 13.56MHz 的能量载波信号
2	0	RFU
1	Tx2RFEn	该位置位时，TX2 管脚的输出信号将传递经发送数据调制的 13.56 MHz 的能量载波信号
0	Tx1RFEn	该位置位时，TX1 管脚的输出信号将传递经发送数据调制的 13.56 MHz 的能量载波信号

图 4-3-8　各个位的功能

4. 使用串口调试来观察这些寄存器中值的变化

设置完这些寄存器后，可以利用前面学过的串口实验的知识，用串口读取寄存器的信息，来观察寄存器是否设置成功。在实验程序中添加下面一段代码。

```c
void StartUART( void )
{                       //波特率 9600
    TMOD = 0x20;
    TH1 = 0xFD;
    TL1 = 0xFD;
    SM0=0;SM1=1;
    TR1 = 1;
}
void Send_to_PC(char *p,int length)
{
    char i;
    for(i=0;i<length;i++)
```

```
    {
        SBUF=p[i];
        while(!TI);
        TI=0;
    }
}
```

利用串口函数 Send_to_PC()就可以将寄存器信息发给上位机，观察寄存器的信息了。

三、硬件连接

同本章实验二硬件连接。

四、实验内容

在 PcdAntennaOn()函数中读取 TxControlReg 寄存器的值，存在数组中，然后在主函数中调用 Send_to_PC()函数读取该数组的值。

按照"三、硬件连接"把电路连接好后，打开 STC-ISP 烧录工具，将生成的.hex 文件下载到单片机里面，烧写完成后，连接好串口，可以读到 TxControlReg 寄存器的值，如图 4-3-9 所示。

图 4-3-9　读取 TxControlReg 寄存器的值

实验四　RFID 读卡模块防碰撞检测实验

一、实验目的

在本实验中，主要讲解防碰撞原理。完成本实验要达到以下目的。

① 了解防碰撞检测的整个工作流程。

② 进一步理解射频识别技术。

二、实验准备

1. RFID 寻卡

在阅读器与应答器开始通信之前，阅读器会打开天线，寻找在一定范围内满足条件的应答器，并与之通信。寻卡方式有两种：①寻找感应区内所有符合 14443A 标准（大家可以参看相关的文档）的卡；②寻找未进入休眠状态的卡。

在寻卡程序中重点要理解 PcdComMF522()通信函数，这个函数主要就是将命令写入 CommandReg 寄存器中，将数据写入 FIFODataReg 寄存器中，完成与应答器的通信后，应答器会将数据返回到 FIFODataReg 寄存器中，读出该寄存器中的数值即可。

2. 防碰撞原理

现在，大家可以尝试这样做一个实验，将两片应答卡片都放到阅读器的周围，如同让阅读器同时开始工作，这种现象就说明发生了碰撞。在很多应用场合，阅读器要在很短的时间内尽快识别多个标签。由于阅读器和标签通信共享无线信道，阅读器和标签的信号可能发生冲突，使阅读器不能正确识别标签，即发生了所谓的碰撞。RFID 系统中的碰撞分为标签碰撞和阅读器碰撞。标签碰撞是指多个标签同时响应阅读器的命令而发送信息，引起信号冲突，使阅读器无法识别标签。阅读器碰撞指多个阅读器之间由于工作范围重叠，导致信息读取失败所产生的冲突。由于整个阅读器系统一般是一个静止的体系，只需在全局上合理分配时间和频率就可有效地克服阅读器碰撞问题。对于阅读器碰撞问题比较容易解决，而标签碰撞问题却成为 RFID 系统发展的瓶颈。

防碰撞的方法有许多种，下面介绍一种常见的防碰撞方法。

PCD 初始化和防碰撞流程如图 4-4-1 所示，包括以下步骤。

① PCD 选定防冲撞命令 SEL 的代码为 93H，95H 或 97H（93H 为选择 UIDCL1；95H 为选族 UIDCL2；97H 为选择 UIDCL3）。

② PCD 指定 NVB=20H，表示 PCD 不发送 UIDCLn 的任一部分，而迫使所有在场的 PICC 发回完整的 UIDCLn 作为应答。

③ PCD 发送 SEL 和 NVB。

④ 所有在场的 PICC 发回完整的 UIDCLn 作为应答。

⑤ 如果多于 1 个 PICC 发回应答，则说明发生了碰撞；如果不发生碰撞，则可跳过步骤"⑥～⑩"。

⑥ PCD 认出发生第一个碰撞的位置。

⑦ PCD 指示 NVB 值以说明 UIDCLn 的有效数目，这些有效位是接收到的 UIDCLn 发生碰撞之前的部分，后面再由 PCD 决定加一位"0"或一位"1"，一般加"1"。

⑧ PCD 发送 SEL、NVB 和有效数据。

⑨ 只有 PICC 的 UIDCLn 部分与 PCD 发送的有效数据位内容相等，才发送出 UIDCLn 的其余位。

⑩ 如果还有碰撞发生，这重复步骤"⑥～⑨"，最大循环次数为 32。

⑪ 如果没有发生碰撞，则 PCD 指定 NVB=70H，表示 PCD 将发送完整的 UIDCLn。

⑫ PCD 发送 SEL 和 NVB，接着发送 40 位 UIDCLn，后面是 CRC-A 检验码。

⑬ 与 40 位 UIDCLn 匹配放入 PICC，以 SAK 作为应答。

⑭ 如果 UID 是完整的，则 PICC 将发送带有 Cascade 位为 "0" 的 SAK，同时从 Ready 状态转换为 Active 状态。

⑮ 如果 PCD 检查到 Cascade 位为 1 的 SAK，则将 CLn 的 n 值加 1，并再次进入防碰撞循环。

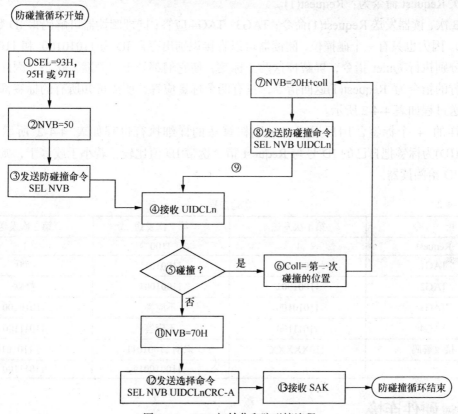

图 4-4-1　PCD 初始化和防碰撞流程

假设应答器的应答信息（ID）为 8 位（如表 4-4-1 所示），阅读器作用范围内有 4 个标签，开始时阅读器对区域内标签处于未知状态，所以发送 Request(1)命令，要求区域内所有的标签应答。其详细执行过程如下。

表 4-4-1　　　　　　　　　　　　　应答信息为 8 位

TAG	ID
1	11001011
2	11001001
3	11010100
4	11011100

第 1 次，阅读器发送 Request(1)命令；TAG1、TAG2、TAG3、TAG4 应答；阅读器根据 Manchester 编码原理，可解码得数据 110xxxxx，D4 到 D0 位发生碰撞。碰撞的最高位为 D4 位。算法作以下的处理：将 D4 置 0；高于 D4 位的数位不变，即 D7D6D5=110；低于 D4 位的数位全部忽略。可得下一次 Request 命令所需的 ID 参数为：1100。

第 2 次，阅读器发送 Request(1100)命令；标签 ID 前 4 位与 1100 匹配的标签应答，即

TAG1、TAG2 应答；同理阅读器可解码得 ID 数据为：110010x1。因为只有一个碰撞位，阅读器可以直接识别出存在 ID 为 11001001 和 ID 为 11001011 的两个标签。此时，可对标签进行 Select 选择和 Read-Write 读写操作。最后分别执行 Quiet 指令，屏蔽掉两个标签，使它们都处于"静默"状态。算法采用后退策略，从相邻的上次发送指令（此时为第 1 次指令）获得下一次 Request 命令为：Request(1)。

第 3 次，读器发送 Request(1)命令；TAG3、TAG4 应答；同理阅读器可解码得 ID 数据为：101x100。因为也只有一个碰撞位，阅读器可以直接识别出存在 ID 为 11010100 和 11011100。同样，分别执行 Quiet 指令，屏蔽掉这两个标签，使它们都处于"静默"状态。因此，可判断出执行的指令为 Request(1)返回指令，只有两个标签应答，所以可知所有的标签都识别完毕。发送过程如表 4-4-2 所示。

同样的 4 个标签，用后退式二进制树算法的详细执行过程如表 4-4-2 所示。规定 Request(ID)为标签把自己的 ID 号与 Request 指令携带 ID 值比较，若小于或等于，则此标签回送其 ID 给阅读器。

表 4-4-2　　　　　　　　　　　　　　执行过程

指　　令	第 1 次发送	第 2 次发送	第 3 次发送
Request	1	1100	1
TAG1	11001011	11001011	静默
TAG2	11001001	11001001	静默
TAG3	11010100	不应答	11010100
TAG4	11011100	不应答	11011100
接收解码	110XXXXX	识别 11001011	识别 11010100
		11001001	11011100

三、硬件连接

同本章实验二硬件连接。

四、实验内容

在理解了防碰撞的原理后，大家可以做这样一个实验。按照"三、硬件连接"把电路连接好后，打开 STC-ISP 烧录工具，将生成的.hex 文件下载到单片机里面，烧写完成后，将两片卡片同时放在阅读器的附近，可以看到如图 4-4-2 所示现象。

这是由于两片卡片同时应答阅读器造成信息错乱，程序中有以下一段代码。

图 4-4-2　现象

```
if (status == MI_OK)
{
    for (i=0; i<4; i++)
    {
```

```
        *(pSnr+i)  = ucComMF522Buf[i];
        snr_check ^= ucComMF522Buf[i];
    }
    if (snr_check != ucComMF522Buf[i])
    {   status = MI_ERR;   }
}
```

这段程序是将得到的卡号相异或后与 ucComMF522Buf[4]进行比较，而 ucCom MF522Buf [4]是经过 MFRC522 处理过的数据，大家可以用上个实验中串口的方法读取它的值，这个值就是 4 个卡号异或后的结果（大家可以动手计算一下）。如果有多个卡片应答，就会使这个数值发生错误，因此会显示防碰撞失败。

实验五　RFID CRC 循环校验实验

一、实验目的

上个实验已经解决了数据传输的过程中数据碰撞的问题，本实验将利用 CRC 循环校验来解决外界的干扰而带来的数据传输错误。完成本实验要达到以下目的。

① 了解 CRC 校验的原理。

② 了解 ISO14443 协议中使用的 CRC-16 循环校验。

二、实验准备

1. CRC 简介

循环冗余码检验英文名称为 Cyclical Redundancy Check，简称 CRC。它是利用除法及余数的原理来作错误侦测（Error Detecting）的。实际应用时，发送装置计算出 CRC 值并随数据一同发送给接收装置，接收装置对收到的数据重新计算 CRC 并与收到的 CRC 相比较，若两个 CRC 值不同，则说明数据通信出现错误。CRC 的优点是识别错误的可靠性较好，且只需要少量的操作就可以实现。16 位的 CRC 可适于检验 4 KB 长数据帧的数据完整性，而在 RFID 系统中，数据长度显然比 4 KB 短，因此一般在 RFID 识别技术中采用 16 位的 CRC 校验码。

根据应用环境与习惯的不同，CRC 又可分为以下几种标准。

① CRC-12 码　　　　　G(x)=X12+X11+X3+X2+X+1

② CRC-16 码　　　　　G(x)=X16+X15+X2+1

③ CRC-CCITT 码　　　 G(x)=X16+X12+X5+1

在 RFID 标准 ISO/IEC 14443 中，采用 CRC-CCITT G(x)=X16+X12+X5+1 的生成多项式。但应该注意的是，该标准中 TYPEA 采用 CRC-A，计算时循环移位寄存器的初始值为 6363H；TYPE B 采用 CRC-B，循环移位寄存器的初始值为 FFFFH。

2. RFID 系统中采用的 CRC-16 的生成过程

CRC-16 码由两个字节构成，在开始时 CRC 寄存器的每一位都预置为 1，然后把 CRC 寄存器与 8-bit 的数据进行异或（异或：二进制运算，相同为 0，不同为 1）。

接着对 CRC 寄存器从高到低进行移位，在最高位（MSB）的位置补零，而最低位（LSB，移位后已经被移出 CRC 寄存器）如果为 1，则把寄存器与预定义的多项式码进行异或，否则如果 LSB 为零，则无需进行异或。重复上述的由高至低的移位 8 次，第一个 8-bit 数据处理完毕，用此时 CRC 寄存器的值与下一个 8-bit 数据异或并进行如前一个数据似的 8 次移位。所有的字符处理完成后 CRC 寄存器内的值即为最终的 CRC 值。

3. CRC-16 的计算过程

① 设置 CRC 寄存器，并给其赋值 6363(hex)。

② 将数据的第一个 8-bit 字符与 16 位 CRC 寄存器的低 8 位进行异或，并把结果存入 CRC 寄存器。

③ CRC 寄存器向右移一位，MSB 补零，移出并检查 LSB。

④ 如果 LSB 为 0，重复③；若 LSB 为 1，CRC 寄存器与多项式码相异或。

⑤ 重复③与④直到 8 次移位全部完成。此时一个 8-bit 数据处理完毕。

⑥ 重复②～⑤直到所有数据全部处理完成。

⑦ 最终 CRC 寄存器的内容即为 CRC 值。

4. CRC16 校验函数 CalulateCRC()程序讲解

首先，将要传输的数据写入 FIFODataReg 寄存器，本程序中写入了 7 字节的数据。

其次，写入命令到 CommandReg 寄存器，激活 CRC 协处理器或激活自测试。

然后，等待数据处理完成完成后的中断请求标志，也就是观察 DivIrqReg()寄存器的第三位是否置位。

最后，读取 CRCResultReg 寄存器得到 CRC-16。

大家可以做以下验证。

将实验电子版的文件夹中的 C 语言代码运行起来，将程序代码中到的 buffer 数组中 buffer[2]～buffer[5]改为相应卡片的 UID 号；buffer[6]为全部 UID 号异或后的值；buffer[7]～buffer[8]为 CRC 寄存器的初始值 0x6363。运行程序即可得到 CRC-16 循环校验码。

最后，大家可以用之前实验中用到的串调试方法，读取程序中 CalulateCRC()函数得到的 CRC-16 码，观察是否与 C 语言程序运行的结果相同。C 语言程序运行结果如图 4-5-1 所示。

三、硬件连接

同本章实验二硬件连接。

四、实验内容

在程序中的 PcdSelect()函数中的 CalulateCRC()函数后添加如下代码。

```
for(i=0;i<9;i++)
{
    a[i]=ucComMF522Buf[i];
}
Send_to_PC(a,9);
```

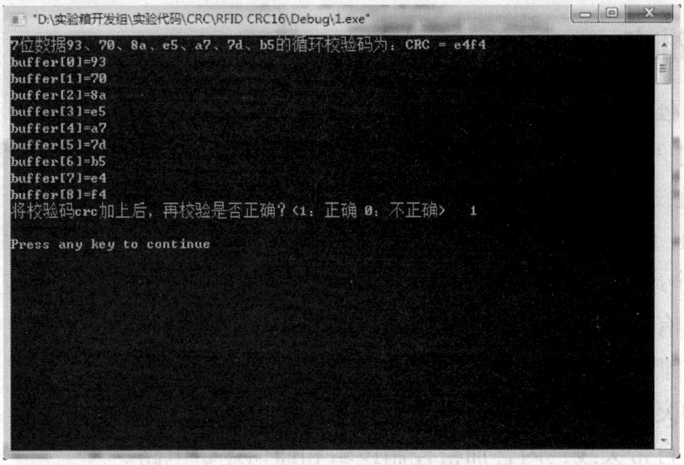

图 4-5-1 程序运行结果

按照"三、硬件连接"把电路连接好后，打开 STC-ISP 烧录工具，将生成的.hex 文件下载到单片机里面。烧写完成后，连接串口，依次选择寻卡、读卡、选卡等功能，可以看到得到的 CRC-16 校验码，如图 4-5-2 所示。

图 4-5-2 CRC-16 校验码

实验六 RFID 写卡实验

一、实验目的

经过上个 CRC 循环校验实验，阅读器和应答器之间的信息传输就可以比较稳定的进行了。本实验主要介绍怎样将数据信息写到应答器中。完成本实验要达到以下目的。

① 了解写卡的原理。

② 学会设计写卡的程序。

二、实验准备

1. 应答器的性能简介

在向应答器中写入数据之前，首先要了解应答器的内部结构和性能参数。实验中采用的主要是一种非接触式的 IC 卡（M1 卡）。它的主要性能参数如下。

① 容量为 8K 位 EEPROM。

② 分为 16 个扇区，每个扇区为 4 块，每块 16 字节，以块为存取单位。

③ 每个扇区有独立的一组密码及访问控制。

④ 每张卡有唯一序列号，为 32 位。

⑤ 具有防冲突机制，支持多卡操作。

⑥ 无电源，自带天线，内含加密控制逻辑和通信逻辑电路。

⑦ 数据保存期为 10 年，可改写 10 万次，读无限次。

⑧ 工作温度：−20～50℃（湿度为 90%）。

⑨ 工作频率：13.56 MHz。

⑩ 通信速率：106 kbit/s。

⑪ 读写距离：10 cm 以内（与读写器有关）。

2. 应答器的存储结构

① M1 卡分为 16 个扇区，每个扇区由 4 块（块 0、块 1、块 2、块 3）组成（我们也将 16 个扇区的 64 个块按绝对地址编号为 0～63），其存储结构如图 4-6-1 所示。

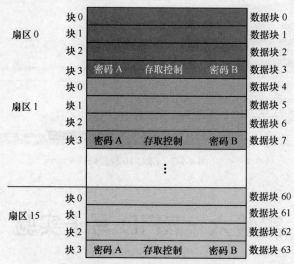

图 4-6-1　应答器的存储结构图

② 第 0 扇区的块 0（即绝对地址 0 块），它用于存放厂商代码，已经固化，不可更改。

③ 每个扇区的块 0、块 1、块 2 为数据块，可用于存储数据。

④ 每个扇区的块 3 为控制块，包括了密码 A、存取控制、密码 B。其具体结构如图 4-6-2 所示。

A0 A1 A2 A3 A4 A5	FF 07 80 69	B0 B1 B2 B3 B4 B5
密码 A（6 字节）	存取控制（4 字节）	密码 B（6 字节）

图 4-6-2　控制块的结构

⑤ 每个扇区的密码和存取控制都是独立的，可以根据实际需要设定各自的密码及存取控制。存取控制为 4 字节，共 32 位，扇区中的每个块（包括数据块和控制块）的存取条件是由密码和存取控制共同决定的，在存取控制中每个块都有相应的 3 个控制位，定义如下。

块 0：　C10　C20　C30

块 1：　C11　C21　C31

块 2：　C12　C22　C32

块 3：　C13　C23　C33

3 个控制位以正反两种形存在于控制字节中，决定了该块的访问权限，进行减值操作必须验 KEYA，进行加值操作必须验证 KEYB 等。至于如何实现加密和解密的过程会有一个专门的实验讲解。

3．写卡程序简单介绍

在写卡程序中，要设置所要写数据的扇区号和块号，程序中 sec 和 block 两个参数可自行设置。

为了简便起见，本程序中只设置了两个按键来输入数据，若想要设置更多的数据形式，仿照前两个按键的程序在 switch…case 语句中添加即可。

在写卡程序中：①首先，通过按键将所要写入的数据存储到数组 write_card[]中；②然后，对写入的数据的类型进行判断，并将它们转换成相应的对应的字符存入到 RF_Buffer 数组中；③最后，通过 Write_Block(block)函数将数据写入卡片中，至于其中数据是如何写到卡片中的，相信大家在学完前面的实验过后，可以自己看懂了。

在 Write_Block(block)函数中有一个加密解密的过程，会有一个专门的实验讲解它的原理。

三、硬件连接

同本章实验二硬件连接。

四、实验内容

按照"三、硬件连接"把电路连接好后，打开 STC-ISP 烧录工具，将生成的.hex 文件下载到单片机里面。烧写完成后，依次选择读卡、写卡功能。

① 按下一号键，选择读卡功能，在一般情况下，没有经过写卡的卡片里面的数据都是 0，如图 4-6-3 所示。

② 再按下二号键，选择写卡功能，然后按下"0"和"1"的数据输入键，写入 16 字节的数据，如图 4-6-4 所示。

③ 写卡成功后，再按下一号键，读刚刚写入的数据是否写入成功，如图 4-6-5 所示。

图 4-6-3 数据显示（1）

图 4-6-4 数据显示（2）

图 4-6-5 数据显示（3）

实验七 DES 加密和解密实验

一、实验目的

① 理解对称加密算法的原理和特点。
② 理解 DES 算法的加密和解密原理。

二、实验准备

1. DES 加密原理

DES 使用一个 56 位的密钥以及附加的 8 位奇偶校验位，产生最大 64 位的分组大小。这是一个迭代的分组密码，使用称为 Feistel 的技术，其中将加密的文本块分成两半。使用子密钥对其中一半应用循环功能，然后将输出与另一半进行"异或"运算；接着交换这两半，这一过程会继续下去，但最后一个循环不交换。DES 使用 16 个循环，使用异或、置换、代换、移位操作 4 种基本运算。

2. DES 加密算法

第一步，把要加密的数据分割成若干以 64 bit 为单位的数据，如果位数不够，那么补 00 或者 FF，然后按照数组 DesIp[64]进行置换操作。

```
static unsigned char  DesIp[64] =
{                                          //初始换位表
58, 50, 42, 34, 26, 18, 10, 2,
60, 52, 44, 36, 28, 20, 12, 4,                    Li
62, 54, 46, 38, 30, 22, 14, 6,
64, 56, 48, 40, 32, 24, 16, 8,
57, 49, 41, 33, 25, 17, 9, 1,
59, 51, 43, 35, 27, 19, 11, 3,                    Ri
61, 53, 45, 37, 29, 21, 13, 5,
63, 55, 47, 39, 31, 23, 15, 7
};
```

第二步，把 64 位密钥按照 DesPc_1[56]做置换，去除密钥中作为奇偶校验位的第 8 位、第 16 位、第 24 位、第 32 位、第 40 位、第 48 位、第 56 位、第 64 位，剩下的 56 位作为有效输入密钥。

```
static unsigned char  DesPc_1[56] =        {
    57, 49, 41, 33, 25, 17, 9,
    1, 58, 50, 42, 34, 26, 18,
    10, 2, 59, 51, 43, 35, 27,
    19, 11, 3, 60, 52, 44, 36,
    63, 55, 47, 39, 31, 23, 15,
    7, 62, 54, 46, 38, 30, 22,
    14, 6, 61, 53, 45, 37, 29,
    21, 13, 5, 28, 20, 12, 4
};
```

　　第三步，将 56 位密钥按照 DesRots[17]左移位，总共进行 16 次，每一轮移位结束之后，得到的新的 56 位密钥作为下一轮移位的有效密钥。总计得到 16 个 56 位密钥。

```
static unsigned char  DesRots[17] =
{                                 //循环移位表
  1, 1, 2, 2, 2, 2, 2, 2, 1, 2, 2, 2, 2, 2, 2, 1, 0
};
```

　　第四步，按照 DesPc_2[48]对 16 个子密钥进行置换压缩，压缩后每个子密钥中的第 9 位、第 18 位、第 22 位、第 25 位、第 35 位、第 38 位、第 43 位、第 54 位共 8 位数据会丢失。此步骤完成后得到 16 个 48 位的密钥。

```
static unsigned char  DesPc_2[48] =
{                                 //PC2 换位表（56→48）
    14, 17, 11, 24, 1, 5,
    3, 28, 15, 6, 21, 10,
    23, 19, 12, 4, 26, 8,
    16, 7, 27, 20, 13, 2,                        Ki
    41, 52, 31, 37, 47, 55,
    30, 40, 51, 45, 33, 48,
    44, 49, 39, 56, 34, 53,
    46, 42, 50, 36, 29, 32
};
```

　　第五步，将第一步生成的 16 个有效数据的右半部分 Ri 的 32 位数据根据 DesE[48]进行置换，由原 32 位扩展为 48 位。

```
static unsigned char  DesE[48] =
{                                 //扩展换位表
    32, 1, 2, 3, 4, 5,
    4, 5, 6, 7, 8, 9,
    8, 9, 10, 11, 12,13,                    新 Ri
    12, 13, 14, 15, 16, 17,
    16, 17, 18, 19, 20, 21,
    20, 21, 22, 23, 24, 25,
    24, 25, 26, 27, 28, 29,
    28, 29, 30, 31, 32, 1
};
```

　　第六步，将扩展后的有效数据的新的 Ri 和 Ki 进行异或运算得到 16 个 48 位的加密数据。

　　第七步，将第六步产生的 48 位的加密数据分成 8 个 6 位的数据 X[1],X[2],X[3],X[4],X[5],X[6]；X[1]和 X[6]形成一个 2 位二进制数，用来选择 S 盒中的行，X[2]X[3]X[4]X[5]形成一个 4 位的二进制数，用来选择 S 盒中的列；最终形成 8 个 4 位的，组合成新的 32 位数据。

```
static unsigned char  DesS[8][4][16] = //S盒换位表
{
  {
    {14, 4, 13, 1, 2, 15, 11, 8, 3, 10, 6, 12, 5, 9, 0, 7},
    {0, 15, 7, 4, 14, 2, 13, 1, 10, 6, 12, 11, 9, 5, 3, 8},
    {4, 1, 14, 8, 13, 6, 2, 11, 15, 12, 9, 7, 3, 10, 5, 0},
    {15, 12, 8, 2, 4, 9, 1, 7, 5, 11, 3, 14, 10, 0, 6, 13}
  },
  {
    {15, 1, 8, 14, 6, 11, 3, 4, 9, 7, 2, 13, 12, 0, 5, 10},
    {3, 13, 4, 7, 15, 2, 8, 14, 12, 0, 1, 10, 6, 9, 11, 5},
    {0, 14, 7, 11, 10, 4, 13, 1, 5, 8, 12, 6, 9, 3, 2, 15},
    {13, 8, 10, 1, 3, 15, 4, 2, 11, 6, 7, 12, 0, 5, 14, 9}
  },
  {
    {10, 0, 9, 14, 6, 3, 15, 5, 1, 13, 12, 7, 11, 4, 2, 8},
    {13, 7, 0, 9, 3, 4, 6, 10, 2, 8, 5, 14, 12, 11, 15, 1},
    {13, 6, 4, 9, 8, 15, 3, 0, 11, 1, 2, 12, 5, 10, 14, 7},
    {1, 10, 13, 0, 6, 9, 8, 7, 4, 15, 14, 3, 11, 5, 2, 12}
  },
  {
    {7, 13, 14, 3, 0, 6, 9, 10, 1, 2, 8, 5, 11, 12, 4, 15},
    {13, 8, 11, 5, 6, 15, 0, 3, 4, 7, 2, 12, 1, 10, 14, 9},
    {10, 6, 9, 0, 12, 11, 7, 13, 15, 1, 3, 14, 5, 2, 8, 4},
    {3, 15, 0, 6, 10, 1, 13, 8, 9, 4, 5, 11, 12, 7, 2, 14}
  },
  {
    {2, 12, 4, 1, 7, 10, 11, 6, 8, 5, 3, 15, 13, 0, 14, 9},
    {14, 11, 2, 12, 4, 7, 13, 1, 5, 0, 15, 10, 3, 9, 8, 6},
    {4, 2, 1, 11, 10, 13, 7, 8, 15, 9, 12, 5, 6, 3, 0, 14},
    {11, 8, 12, 7, 1, 14, 2, 13, 6, 15, 0, 9, 10, 4, 5, 3}
  },
  {
    {12, 1, 10, 15, 9, 2, 6, 8, 0, 13, 3, 4, 14, 7, 5, 11},
    {10, 15, 4, 2, 7, 12, 9, 5, 6, 1, 13, 14, 0, 11, 3, 8},
    {9, 14, 15, 5, 2, 8, 12, 3, 7, 0, 4, 10, 1, 13, 11, 6},
    {4, 3, 2, 12, 9, 5, 15, 10, 11, 14, 1, 7, 6, 0, 8, 13}
  },
  {
    {4, 11, 2, 14, 15, 0, 8, 13, 3, 12, 9, 7, 5, 10, 6, 1},
    {13, 0, 11, 7, 4, 9, 1, 10, 14, 3, 5, 12, 2, 15, 8, 6},
    {1, 4, 11, 13, 12, 3, 7, 14, 10, 15, 6, 8, 0, 5, 9, 2},
    {6, 11, 13, 8, 1, 4, 10, 7, 9, 5, 0, 15, 14, 2, 3, 12}
  },
  {
    {13, 2, 8, 4, 6, 15, 11, 1, 10, 9, 3, 14, 5, 0, 12, 7},
    {1, 15, 13, 8, 10, 3, 7, 4, 12, 5, 6, 11, 0, 14, 9, 2},
    {7, 11, 4, 1, 9, 12, 14, 2, 0, 6, 10, 13, 15, 3, 5, 8},
    {2, 1, 14, 7, 4, 10, 8, 13, 15, 12, 9, 0, 3, 5, 6, 11}
  }
};
```

第八步，将第七步生成的 32 位数据按照 DesP[32] 置换，生成新的 32 位数据 RR[i]。

```
static unsigned char  DesP[32] =
{
```

```
16, 7, 20, 21,
29, 12, 28, 17,
1, 15, 23, 26,
5, 18, 31, 10,
2, 8, 24, 14,
32, 27, 3, 9,
19, 13, 30, 6,
22, 11, 4, 25
};
```

第九步，把第八步生成的 RR[i] 和第一步产生的 L[i] 按位异或后，得到的值赋值给第一步的 R[i+1]，然后把原来的 R[i] 赋值给 L[i+1]，得到新的 L[i] 和 R[i]。

第十步，回到第三步，重复运算到第九步，每轮计算由 R[i]，L[i]，K[i] 来计算，总计重复 16 轮，最终生成 R[16] 和 L[16]。

第十一步，合并 L[16] 和 R[16] 为 64 位数据，然后按照 DesIp_1[64] 做置换，生成最终加密数据。

```
static unsigned char DesIp_1[64] =
{                                   //逆初始置换表 IP^-1
   40, 8, 48, 16, 56, 24, 64, 32,
   39, 7, 47, 15, 55, 23, 63, 31,
   38, 6, 46, 14, 54, 22, 62, 30,
   37, 5, 45, 13, 53, 21, 61, 29,
   36, 4, 44, 12, 52, 20, 60, 28,
   35, 3, 43, 11, 51, 19, 59, 27,
   34, 2, 42, 10, 50, 18, 58, 26,
   33, 1, 41, 9, 49, 17, 57, 25
};
```

3. DES 解密算法

解密的时候算法一样，只是在第三步的时候，把 K[i] 变为 K[16-i]，左移运算变为右移运算。

三、实验内容

实验现象如图 4-7-1 所示。

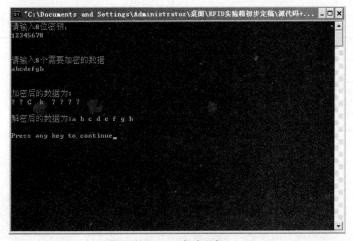

图 4-7-1　实验现象

实验八　NRF24L01 实验

一、实验目的

① 了解芯片 NRF24L01 的工作原理。

② 了解两块 NRF24L01 之间通信的协议。

二、实验准备

1. NRF24L01 芯片介绍

NRF24L01 是 Nordic 公司生产的一个单芯片射频收发器件，是目前应用比较广泛的一款无线通信芯片。它工作在 2.4 G～2.5 GHz 频段，数据传输率：1 Mbit/s 或 2 Mbit/s，自动应答及自动重发功能，可接受 5 V 电平的输入，工作电压为 1.9～3.6 V。图 4-8-1 所示为芯片引脚图。

图 4-8-2 所示为 NRF24L01 模块的原理图。图 4-8-3 所示为 NRF24L01 模块的实物图。

图 4-8-1　NRF24L01 芯片引脚图

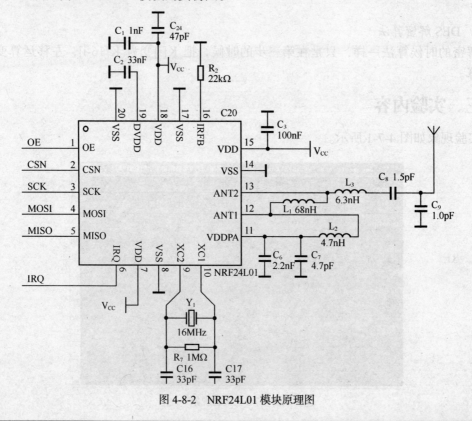

图 4-8-2　NRF24L01 模块原理图

图 4-8-3 NRF24L01 模块实物图

表 4-8-1 所示为该芯片的引脚功能的描述。

表 4-8-1　　　　　　　　　　　　NRF24L01 芯片引脚说明

引　　脚	名　　称	引脚功能	描　　述
1	CE	数字输入	RX 或 TX 模式选择
2	CSN	数字输入	SPI 片选信号
3	SCK	数字输入	SPI 时钟
4	MOSI	数字输入	从 SPI 数据输入脚
5	MISO	数字输出	从 SPI 数据输出脚
6	IRQ	数字输出	可屏蔽中断脚
7	V_{DD}	电源	电源（+3 V）
8	V_{SS}	电源	接地（0 V）
9	XC2	模拟输出	晶体振荡器 2 脚
10	XC1	模拟输入	晶体振荡器 1 脚/外部时钟输入脚
11	VDD-PA	电源输出	给 RF 的功率放大器提供的+1.8 V 电源
12	ANT1	天线	天线接口 1
13	ANT2	天线	天线接口 2
14	V_{SS}	电源	接地（0 V）
15	V_{DD}	电源	电源（+3 V）
16	IREP	模拟输入	参考电流
17	V_{SS}	电源	接地（0 V）
18	V_{DD}	电源	电源（+3 V）
19	DVDD	电源输出	去耦电路电源正极端
20	V_{SS}	电源	接地（0 V）

2．NRF24L01 芯片原理介绍

（1）通信时序图

SPI 读时序图如图 4-8-4 所示。SPI 写时序图如图 4-8-5 所示。

由图 4-8-4、图 4-8-5 可见，NRF24L01 芯片的工作方式是基于 SPI 总线串行通信，分别有 CSN、SCK、MOSI、MISO 这 4 根线。

（2）工作模式

NRF24L01 可以设置几种主要的模式，如表 4-8-2 所示。

Cn-SPI 指令位

Sn- 状态寄存器位

Dn- 数据位（备注：由低字节到高字节每个字节中高位在前）

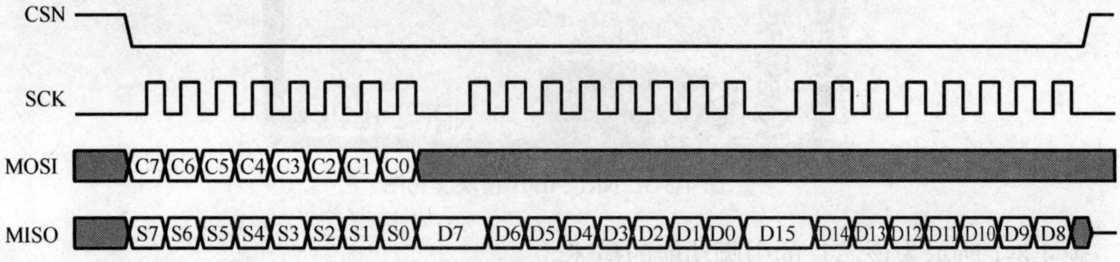

SPI 读操作

图 4-8-4　SPI 读时序图

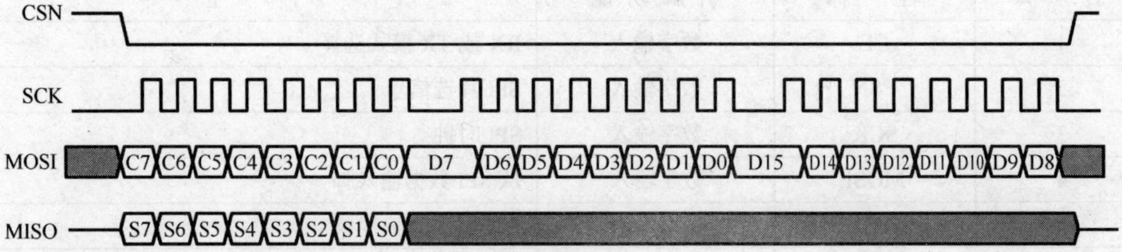

SPI 写操作

图 4-8-5　SPI 写时序图

表 4-8-2　　　　　　　　　　　　　NRF24L01 通信模式说明

模　　式	PWR_UP	PRIM_RX	CE	FIFO
接收模式	1	1	1	-
发送模式	1	0	1	数据在 TX
发送模式	1	0	1→0	停留在发送模式，直至数据发送完
待机模式 II	1	0	1	TX
待机模式 I	1	-	0	无数据传输
掉电模式	0	-	-	-

NRF24L01 在不同模式下的引脚功能如表 4-8-3 所示。

表 4-8-3　　　　　　　　　　　　　NRF24L01 芯片引脚功能

引脚名称	方向	发　送　模　式	接收模式	待机模式	掉电模式
CE	输入	高电平>10 μs	高电平	低电平	-
CSN	输入	SPI 片选使能，低电平使能			
SCK	输入	SPI 时钟			
MOSI	输入	SPI 串行输入			
MISO	三态输出	SPI 串行输出			
IRQ	输出	中断，低电平使能			

（3）指令格式

NRF24L01 芯片指令格式如表 4-8-4 所示。

表 4-8-4　　　　　　　　　　　　　　NRF24L01 芯片指令格式

指 令 名 称	指令格式	操　作
R_REGISTER	000A AAAA	读配寄存器。AAAA 指所要读操作寄存器的 5 个位的地址
W-REGISTER	001A AAAA	写配寄存器。AAAA 指所要写操作的寄存器的 5 个位的地址，只有在掉电模式和待机模式下可操作
R_RX_PAYLOAD	0110 0001	读 RX 有效数据 1~32 字节，读操作从字节 0 开始。当 RX 有效数据读取完成后，FIFO 寄存器中有效数据被清除。应用于接收模式下
W_TX_PAYLOAD	1010 0000	写 TX 有效数据，1-32 字节。写操作从字节 0 开始。应用于发射模式下
FLUSH_TX	1110 0001	清除 TX FIFO 寄存器，应用于发射模式下
FLUSH_RX	1110 0010	清除 RX FIFO 寄存器，应用于接收模式下。在传输应答信号过程中不应执行此指令，也就是说若传输应答信号过程中执行此指令，将使得应答信号不能被完整传输
REUSE_TX_PL	1110 0011	重新使用上一包有效数据。当 CE 为高过程中，数据包被不断的重新发射。在发射数据包过程中必须禁止数据包重利用功能
NOP	1111 1111	空操作，可以用来读状态寄存器

（4）寄存器

寄存器说明如表 4-8-5 所示。

表 4-8-5　　　　　　　　　　　　　　　　寄存器

地　址	参　　数	位	复位值	类型	描　　述
00	寄存器				配置寄存器
	reserved	7	0	R/W	默认为 0
	MASK_RX_DR	6	0	R/W	可屏蔽中断 RX_RD。 1：IRQ 引脚不显示 RX_RD 中断； 0：RX_RD 中断产生时 IRQ 引脚电平为低
	MASK_TX_DS	5	0	R/W	可屏蔽中断 TX_DS。 1：IRQ 引脚不显示 TX_DS 中断； 0：TX_DS 中断产生时 IRQ 引脚电平为低
	MASK_MAX_RT	4	0	R/W	可屏蔽中断 MAX_RT。 1：IRQ 引脚不显示 TX_DS 中断； 0：MAX_RT 中断产生时 IRQ 引脚电平为低
	EN_CRC	3	1	R/W	CRC 使能。如果 EN_AA 中任意一位为高，则 EN_CRC 强迫为高
	PWR_UP	1	0	R/W	1：上电；0：掉电
	PRIM_RX	0	0	R/W	1：接收模式；0：发射模式
01	EN_AA Enhanced ShockBurstTM				使能自动应答功能。 此功能禁止后可与 NRF24L01 通信

地　址	参　数	位	复位值	类型	描　　述
	Reserved	7:6	00	R/W	默认为 0
	ENAA_P5	5	1	R/W	数据通道 5
	ENAA_P4	4	1	R/W	数据通道 4
	ENAA_P3	3	1	R/W	数据通道 3
	ENAA_P2	2	1	R/W	数据通道 2
	ENAA_P1	1	1	R/W	数据通道 1
	ENAA_P0	0	1	R/W	数据通道 0
02	EN_RXADDR				接收地址允许
	Reserved	7:6	00	R/W	默认为 00
	ERX_P5	5	0	R/W	接收数据通道 5
	ERX_P4	4	0	R/W	接收数据通道 4
	ERX_P3	3	0	R/W	接收数据通道 3
	ERX_P2	2	0	R/W	接收数据通道 2
	ERX_P1	1	1	R/W	接收数据通道 1
	ERX_P0	0	1	R/W	接收数据通道 0
03	SETUP_AW				设置地址宽度（所有数据通道）
	Reserved	7:2	00000	R/W	默认为 00000
	AW	1:0	11	R/W	接收/发射地址宽度： '00'——无效 '01'——3 字节宽度 '10'——4 字节宽度 '11'——5 字节宽度
04	SETUP_RETR				04 SETUP_RETR
	ARD	7:4	0000	R/W	自动重发延时 '0000'——等待 250+86μs '0001'——等待 500+86μs '0010'——等待 750+86μs …… '1111'——等待 4000+86μs （延时时间是指一包数据发送完成到下一包数据开始发射之间的时间间隔）
	ARC	3:0	0011	R/W	自动重发计数 '0000'——禁止自动重发 '0000'——自动重发一次 …… '0000'——自动重发 15 次
05	RF_CH				05 RF_CH
	Reserved	7	0	R/W	默认为 0
	RF_CH	6:0	0000010	R/W	设置 NRF24L01 工作通道频率
06	RF_SETUP			R/W	射频寄存器

续表

地 址	参 数	位	复位值	类型	描 述
	Reserved	7:5	000	R/W	默认为 000
	PLL_LOCK	4	0	R/W	PLL_LOCK 允许仅应用于测试模式
	RF_DR	3	1	R/W	数据传输率： '0'——1Mbit/s '1'2Mbit/s
	RF_PWR	2:1	11	R/W	发射功率： '00'——18dBm '01'——12dBm '10'——6dBm '11' 0dBm
	LNA_HCURR	0	1	R/W	低噪声放大器增益
07	STATUS				状态寄存器
	Reserved	7	0	R/W	默认为 0
	RX_DR	6	0	R/W	接收数据中断当接收到有效数据后置一，写'1'清除中断
	TX_DS	5	0	R/W	数据发送完成中断当数据发送完成后产生中断。如果工作在自动应答模式下只有当接收到应答信号后此位置一，写'1'清除中断
	MAX_RT	4	0	R/W	达到最多次重发中断，写'1'清除中断。如果 MAX_RT 中断产生，则必须清除后系统才能进行通信
	RX_P_NO	3:1	111	R	接收数据通道号 000-101：数据通道号 110：未使用 111：RX FIFO 寄存器为空
	TX_FULL	0	0	R	TX FIFO 寄存器满标志 1：TX FIFO 寄存器满 0：TX FIFO 寄存器未满，有可用空间
08	OBSERVE_TX				发送检测寄存器
	PLOS_CNT	7:4	0	R	数据包丢失计数器当写 RF_CH 寄存器时此寄存器复位；当丢失 15 个数据包后此寄存器重启
	ARC_CNT	3:0	0	R	重发计数器发送新数据包时此寄存器复位
09	CD				
	Reserved	7:1	000000	R	
	CD	0	0	R	载波检测
0A	RX_ADDR_P0	39:0	0xE7E7E7E7E7	R/W	数据通道 0 接收地址。最大长度：5 字节（先写低字节所写字节数量由 SETUP_AW 设定）
0B	RX_ADDR_P1	39:0	0xC2C2C2C2C2	R/W	数据通道 1 接收地址。最大长度：5 字节（先写低字节所写字节数量由 SETUP_AW 设定）
0C	RX_ADDR_P2	7:0	0xC3	R/W	数据通道 2 接收地址。最低字节可设置。高字节部分必须与 RX_ADDR_P1[39:8]相等

地 址	参 数	位	复位值	类型	描 述
0D	RX_ADDR_P3	7:0	0xC4	R/W	数据通道 3 接收地址。最低字节可设置。高字节部分必须与 RX_ADDR_P1[39:8]相等
0E	RX_ADDR_P4	7:0	0xC5	R/W	数据通道 4 接收地址。最低字节可设置。高字节部分必须与 RX_ADDR_P1[39:8]相等
0F	RX_ADDR_P5	7:0	0xC6	R/W	数据通道 5 接收地址。最低字节可设置。高字节部分必须与 RX_ADDR_P1[39:8]相等
10	TX_ADDR	39:0	0xE7E7E7 E7E7	R/W	发送地址。先写低字节 在增强型 ShockBurstTM 模式下 RX_ADDR_P0 与此地址相等
11	RX_PW_P0				
	Reserved	7:6	00	R/W	默认为 00
	RX_PW_P0	5:0	0	R/W	接收数据通道 0 有效数据宽度（1～32 字节） 0：设置不合法 1：1 字节有效数据宽度 …… 32：32 字节有效数据宽度
12	RX_PW_P1				
	Reserved	7:6	00	R/W	默认为 00
	RX_PW_P1	5:0	0	R/W	接收数据通道 1 有效数据宽度（1～32 字节） 0：设置不合法 1：1 字节有效数据宽度 …… 32：32 字节有效数据宽度
13	RX_PW_P2				
	Reserved	7:6	00	R/W	默认为 00
	RX_PW_P2	5:0	0	R/W	接收数据通道 2 有效数据宽度（1～32 字节） 0：设置不合法 1：1 字节有效数据宽度 …… 32：32 字节有效数据宽度
14	RX_PW_P3				
	Reserved	7:6	00	R/W	默认为 00
	RX_PW_P3	5:0	0	R/W	接收数据通道 3 有效数据宽度（1～32 字节） 0：设置不合法 1：1 字节有效数据宽度 …… 32：32 字节有效数据宽度
15	RX_PW_P4				
	Reserved	7:6	00	R/W	默认为 00

地 址	参 数	位	复位值	类型	描 述
	RX_PW_P4	5:0	0	R/W	接收数据通道 4 有效数据宽度（1～32 字节） 0：设置不合法 1：1 字节有效数据宽度 …… 32：32 字节有效数据宽度
16	RX_PW_P5				
	Reserved	7:6	00	R/W	默认为 00
	RX_PW_P5	5:0	0	R/W	接收数据通道 5 有效数据宽度（1～32 字节） 0：设置不合法 1：1 字节有效数据宽度 …… 32：32 字节有效数据宽度
17	FIFO_STATUS				FIFO 状态寄存器
	Reserved	7	0	R/W	默认为 0
	TX_REUSE	6	0	R	若 TX_REUSE=1，则当 CE 位高电平状态时不断发送上一数据包 TX_REUSE，通过 SPI 指令 REUSE_TX_PL 设置通过 W_TX_PALOAD 或 FLUSH_TX 复位
	TX_FULL	5	0	R	TX FIFO 寄存器满标志 1：TX FIFO 寄存器满 0：TX FIFO 寄存器未满有可用空间
	TX_EMPTY	4	1	R	TX FIFO 寄存器空标志 1：TX FIFO 寄存器空 0：TX FIFO 寄存器非空
	Reserved	3:2	00	R/W	默认为 00
	RX_FULL	1	0	R	RX FIFO 寄存器满标志 1：RX FIFO 寄存器满 0：RX FIFO 寄存器未满有可用空间
	RX_EMPTY	0	1	R	RX FIFO 寄存器空标志 1：RX FIFO 寄存器空 0：RX FIFO 寄存器非空
N/A	TX_PLD	255:0	W	N/A	
N/A	RX_PLD	255:0	R	N/A	

（5）接收和发送数据的配置

发送数据的步骤如下。

① 写本机身份地址到 TX_ADDR。

② 写 0 通道接收地址到 RX_ADDR_P0（与 TX_ADDR 地址一样，是为了接收应答信号）。

③ 设置自动应答允许，EN_AA。

④ 设置通道 0 允许接收，EN_RXADDR。

⑤ 配置自动重发次数，SETUP_RETR。

⑥ 选择通信频道，RF_CH（要求发送和接收的一组通信机使用同一个频道）。

⑦ 配置发送参数（如发送功率、数据传输速率），RF_SETUP。

⑧ 设置 0 通道有效数据宽度，RX_PW_P0。

⑨ 设置模块配置寄存器 CONFIG 到发送模式。

⑩ 将要发送的数据写入发送缓冲寄存器，TX_FIFO。

⑪ 将 CE 设置为'1'，进入发射状态。

设置接收数据的步骤如下。

① 写发送机身份地址到 0 通道接收地址，RX_ADDR_P0。

② 设置自动应答允许，EN_AA。

③ 设置允许 0 通道接收数据，EN_RXADDR。

④ 选择通信频道，RF_CH。

⑤ 选择 0 通道有效数据宽度，RX_PW_P0。

⑥ 配置发射参数（发射功率、数据传输速率），RF_SETUP。

⑦ 设置模块的配置寄存器 CONFIG 在接收模式。

⑧ 将 CE 设置为'1'，进入接收状态。

（6）发射和接收数据时地址的配置

NRF24L01 配置为接收模式时可以接收 6 路不同地址，相同频率的数据每个数据通道拥有自己的地址，并且可以通过寄存器来进行分别配置。

数据通道是通过寄存器 EN_RXADDR 来设置的。默认状态下只有数据通道 0 和数据通道 1 是开启状态的，每一个数据通道的地址是通过寄存器 RX_ADDR_Px 来配置的。通常情况下不允许不同的数据通道设置完全相同的地址。数据通道 0 有 40 位可配置地址，数据通道 1~5 的地址为 32 位共用地址+各自的地址最低字节。

图 4-8-6 所示的是数据通道 1~5 的地址设置方法举例。所有数据通道可以设置为多达 40 位，但是 1~5 数据通道的最低位必须不同。

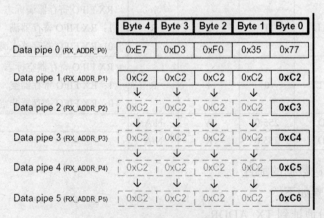

图 4-8-6　通道地址设置说明

图 4-8-7 所示为 1 个主机和 6 个从机接收时，7 个模块的地址的配置。

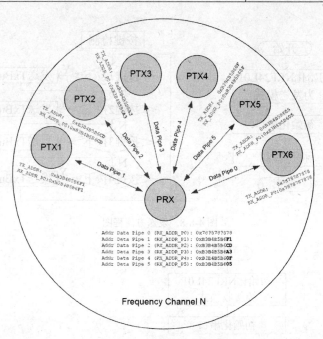

图 4-8-7　通道地址设置说明

三、硬件连接

硬件连接如表 4-8-6 所示。

表 4-8-6　　　　　　　　　　　　　硬件链接

引 脚 名 称	连　　　接
CE	P1.0
CSN	P1.1
SCK	P1.2
MOSI	P1.3
MISO	P1.4
IRQ	P1.5

四、实验内容

程序的运行结果如下。

发送方：按下 S1 键，发送 8 个 1，按下 S2 键，发送 8 个 2，按下 S3 键，发送 8 个 3，按下 S4 键，发送 8 个 4；并且可以在 PC 机的串口调试助手上查看。

接收方：接收到数据后，可以在 PC 机的串口调试助手上查看。

程序流程图如图 4-8-8、图 4-8-9 所示。

实物部分

按照"三、硬件连接"连接好电路，打开 STC-ISP 烧录工具，将生成的.hex 文件下载到单片机里面，查看实验结果。

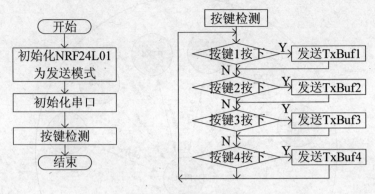

图 4-8-8　发送方流程图

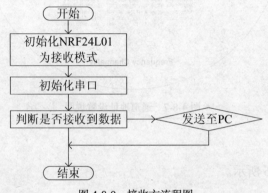

图 4-8-9　接收方流程图

实验九　NRF24LE1 实验

一、实验目的

① 了解 NRF24LE1 芯片的原理与构造。

② 了解 NRF24LE1 芯片简单寄存器的配置。

二、实验准备

1. NRF24LE1 芯片介绍

NRF24LE1 是挪威的 Nodic 半导体公司开发的一款带 2.4 GHz 无线收发器 NRF24L01+和增强型 8051 内核的无线收发芯片。该芯片是一款高度集成的无线射频芯片，具有低功耗、外围电路简单、无需外接 MCU 等优点，非常适合用于研制 RFID 有源微型标签。

NRF24LE1 内部框图如图 4-9-1 所示。由芯片的内部结构框图可以看出，NRF24LE1 芯片集成了增强型 8051 内核、2.4 GHz 无线收发器 NRF24L01+、ADC 转换器、UART 接口、随机数生成器 RNG、SPI 接口、PWM 输出、内置 RC 振荡器、看门狗和唤醒定时器以及专门的稳压电路等。此外，还集成了 16 KB 程序存储器、1 KB 数据存储器、1 KB 非易失性数据存储器、512 字节延长寿命非易失性数据存储器，存储空间相对较大。NRF24LEl 芯片是一个高度集成的芯片，芯片本身已经集成了调制器、编码发生器、时钟电路、存储器和微控制单元等功能模块，因此，进行电路设计的时候，只需要外接少量的电容、电阻、电感等器件，并进行天线设计即可。

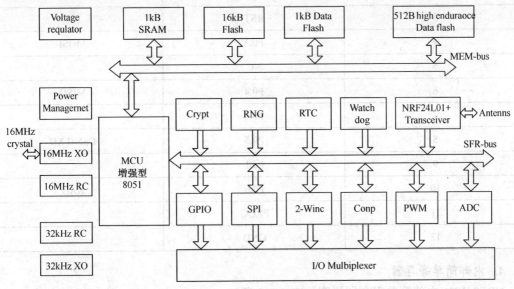

图 4-9-1　NRF24LE1 内部结构图

2.　NRF24LEl 芯片的主要特性

① 内嵌 2.4 GHz 低功耗无线收发器 NRF24L01+，采用 6FSK 调制，125 个 RF 频道操作，支持多频和跳频通信，支持 250 kbit/s、1 Mbit/s、2 Mbit/s 这 3 种空中速率，完全兼容 NRF24 系列芯片的射频特性。

② 增强型 8051 内核，处理速度是普通 51 单片机的 12 倍。

③ 内置 128 位 AES 硬件加密、16 位 CRC 硬件校验器、32 位硬件乘法协处理器及硬件随机数发生器等，数据处理能力强，且确保了数据传输的准确性和安全性。

④ 采用 0.18 μm 的 CMOS 技术制造，工作电压为 1.9～3.6 V，进入待机状态时电流低至 2 μA，自带定时唤醒器，功耗低。

⑤ 内置多个存储器，存储空间大。

⑥ 外围电路简单，仅需外接少量电阻及电容等器件便能组成基本的射频电路。

⑦ 具有多种工作模式，可适应不同应用的需要。

3.　芯片引脚说明

NRF24LE1 模块引脚图如图 4-9-2 所示。

NRF24LE1 模块引脚说明如表 4-9-1 所示。

1. VCC
2. P0.2
3. RST
4. P0.3
5. NC
6. P0.4
7. P0.0
8. P0.5
9. P0.1
10. P0.6
11. PROG
12. GND

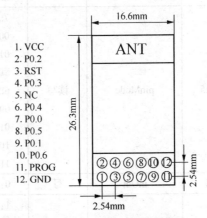

图 4-9-2　NRF24LE1 模块引脚图

表 4-9-1 模块引脚说明

引 脚 号	引 脚	复 用 功 能
1	VCC	
2	P0.2	SCK
3	RST	
4	P0.3	MOSI
5	NC	
6	P0.4	MISO
7	P0.0	
8	P0.5	CSN/TXD
9	P0.1	
10	P0.6	RXD
11	PROG	
12	GND	

4. 内部简单寄存器

NRF24LE1 内部简单寄存器说明如表 4-9-2 所示。

表 4-9-2 NRF24LE1 简单寄存器说明

位	名 称	类 型	功 能
	P0DIR	地址:0X93	复位值:0XFF
7:0	dir	读写	P0.0-P0.7 方向设置，0 表示输出，1 表示输入 P0.7 仅在 32 脚和 48 脚封装中存在
	P0CON	地址:0X9E	复位值:0X00
7:5	pinMode	读写	P0.0-P0.7 的输入或输出模式 inOut 决定是输入或输出模式，bitAddress 决定读写哪个脚
7:5	pinMode	读写	7:5 输出模式 000 数字输出缓冲正常驱动 011 数字输出缓冲强驱动 其他值非法 6:5 输入模式 00 数字输入缓冲开，没有上拉/下拉电阻 01 数字输入缓冲开，有下拉电阻 10 数字输入缓冲开，有上拉电阻 11 数字输入缓冲关
4	inOut	写	0：读写输出配置；1：读写输入配置
3	readAddress	写	1：当前写操作时提供位地址，结果 bitAddress 值被保存，inOut 的值是否被保存取决于要读的是输入还是输出模式。当 readAddr=1 时 pinMode 的值有意义，如果 readAddr=0，引脚模式被更新，inOut 决定了要更新的是输入还是输出模式

位	名　称	类　型	功　能
			P0CON　　　地址:0X9E　　　复位值:0X00

位	名　称	类　型	功　能
2:0	bitAddr	写	如果 readAddr=1，bitAddr 的值被保存，随后的读操作这个值决定了读哪个引脚

表内部功能区内容：

	7×7mm	5×5mm	4×4mm
bitAddr = 000 -	P0.0	P0.0	P0.0
bitAddr = 001 -	P0.1	P0.1	P0.1
bitAddr = 010 -	P0.2	P0.2	P0.2
bitAddr = 011 -	P0.3	P0.3	P0.3
bitAddr = 100 -	P0.4	P0.4	P0.4
bitAddr = 101 -	P0.5	P0.5	P0.5
bitAddr = 110 -	P0.6	P0.6	P0.6
bitAddr = 111 -	P0.7	P0.7	reserved

5. 亿和科技 YHT01 下载器

亿和科技 YHT01 下载器实物图如图 4-9-3 所示。

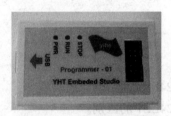

图 4-9-3　下载器实物图

打开软件　后，界面如图 4-9-4 所示。

① 选择芯片型号为 NRF24LE1。

② 载入编程文件，即 Keil 中编译生成的.hex 文件。

③ 单击"Download"按钮即可下载。

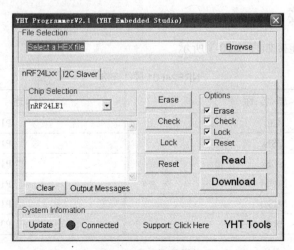

图 4-9-4　下载程序图

三、硬件连接

将下载好程序的芯片放在板子上，开启电源即可。

四、实验内容

程序的运行结果为：流水灯。

按照"三、硬件连接"连接好电路，打开 STC-ISP 烧录工具，将生成的.hex 文件下载到单片机里面，查看实验结果。

五、内容扩展

利用 RFID 实验箱的资源实现 NRF24LE1 按键检测实验。

实验十　NRF24L01 和 NRF24LE1 通信

一、实验目的

① 了解 NRF24L01 和 NRF24LE1 通信的原理。
② 了解 NRF24L01 和 NRF24LE1 的区别。

二、实验准备

1. NRF24L01 和 NRF24LE1 的通信原理

两者皆内嵌 2.4 GHz 低功耗无线收发器 NRF24L01，寄存器配置必须一样才能进行通信。

2. NRF24L01 和 NRF24LE1 的区别

NRF24L01 是通过 SPI 通信协议来控制收发的，而 NRF24LE1 是通过控制内部寄存器 RFCON、RFCE、RFCEN、RF 等内部寄存器。

三、硬件连接

NRF24L01 硬件连接如表 4-10-1 所示。

表 4-10-1　　　　　　　　　　　　　　NRF24L01 硬件连接

引 脚 名 称	连　　接
CE	P1.0
CSN	P1.1
SCK	P1.2
MOSI	P1.3
MISO	P1.4
IRQ	P3.2

对于 NRF24LE1，下载好程序后，供电即可。

四、实验内容

程序的运行结果如下。

NRF24L01 发送字符串"abcde12345"至 NRF24LE1，NRF24LE1 接收到数据后，将数据通过串口发送至 PC，并且发送字符串"ABCDE12345"至 NRF24L01，NRF24L01 接收到后，也发送至 PC。

程序示意图如图 4-10-1 所示。

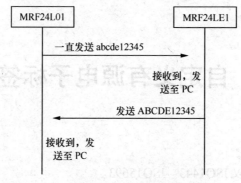

图 4-10-1　程序流程图

第五章
实例篇（产品流程设计）

综合实验一　自定义有源电子标签的通信协议

一、实验目的

① 了解 RFID 标准协议 ISO1443、ISO15693。
② 编写简单的自定义通信协议。

二、实验准备

1. 中国金融集成电路_IC 卡非接触式规范（ISO14443）

本规范包括以下主要内容。

① 物理特性：规定了接近式卡（PICC）的物理特性。本部分等同于 ISO/IEC 14443-1内容。

② 射频功率和信号接口：规定了在接近式耦合设备（PCDs）和接近式卡（PICCs）之间提供功率和双向通信的场的性质与特征。本部分没有规定产生耦合场的方法，也没有规定遵循电磁场辐射和人体辐射安全的规章。本部分等同于 ISO/IEC 14443-2 内容。

③ 初始化和防冲突：本规范描述了 PICC 进入 PCD 工作场的轮询；在 PCD 和 PICC 之间通信的初始阶段期间所使用的字节格式、帧和定时；初始 REQ 和 ATQ 命令内容；探测方法和与几个卡（防冲突）中的某一个通信的方法；初始化 PICC 和 PCD 之间的通信所需要的其他参数；容易和加速选择在应用准则基础上的几个卡中的一个（即最需要处理的一个）的任选方法。本部分等同于 ISO/IEC14443-3 内容。

④ 传输协议：规定了以无触点环境中的特殊需要为特色的半双工传输协议，并定义了协议的激活和停活序列。这一部分适用于类型 A 和类型 B 的 PICC。本部分等同于ISO/IEC14443-4 内容。

⑤ 数据元和命令集：定义了金融应用中关闭和激活非接触式通道所使用的一般数据元、命令集和对终端响应的基本要求。

2. ISO15693 协议

ISO15693 是针对射频识别应用的一个国际标准。该标准定义了工作在 13.56 MHz 下智能标签和读写器的空气接口及数据通信规范，符合此标准的标签最远识读距离达到 2 m。

3．自定义通信协议

在普通的 RFID 协议之中，包括寻卡、读卡、写卡。并且在这之中用到了 CRC 循环校验、加密解密技术。其系统结构图如图 5-1-1 所示。

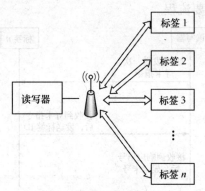

图 5-1-1　系统结构图

在这个综合实验中，自定义的协议包括了寻卡、读卡、写卡，使卡进入休眠状态。在读写器和标签之间传输的是自己定义的一串数据，数据为 16 字节，说明如表 5-1-1 所示。

表 5-1-1　　　　　　　　　　　　　　　16 字节说明

字节 0	字节 1	字节 2	字节 3～7	字节 8～12	字节 13、14	字节 15
开始标志	指令	读写器	标签 ID 号	存储数据	CRC 校验位	结束标志

字节 0：协议数据开始标志，为 0x55。若接收到的数据第 0 个字节的数据为 0x55，则可以认定接收到的数据时有效的。若不为 0x55，则认为不是协议中定义的标签。

字节 1：指令种类。0x11:寻卡；0x22:读卡；0x33：写卡；0xff：使卡休眠。

字节 2：读写器编号。

字节 3-7：标签 ID。自定义的标签 ID。

字节 8～12：标签中存储的数据，为 5 个字节。

字节 13、14：由前面 12 字节的数据产生的 2 字节的 CRC 校验位。

字节 15：协议数据结束标志，为 0x33。

三、硬件连接

硬件连接如表 5-1-2 所示。

表 5-1-2　　　　　　　　　　　　　　　硬件连接

引 脚 名 称	连 接
CE	P0.0
CSN	P0.1
SCK	P0.2
MOSI	P0.3
MISO	P0.4
IRQ	P3.2

四、实验内容

在本实验中，主要编写了寻卡指令的协议，读卡和写卡的接口均已留出。

图 5-1-2 所示为寻卡的主要流程。

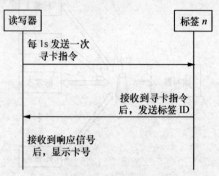

图 5-1-2　寻卡

程序的运行结果为：在 12864 液晶上显示有效范围内可以读到的卡号。

综合实验二　无线抢答器的制作

一、实验目的

① 掌握 NRF24L01 和 NRF24LE1 通信的原理。

② 综合运用单片机外部资源。

二、实验准备

1．系统结构图

系统结构图如图 5-2-1 所示。

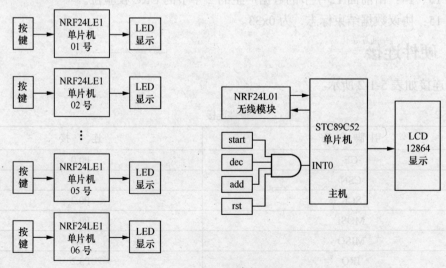

图 5-2-1　系统结构图

2. 电路设计

（1）无线模块电路

接收和发送信息采用 IRQ 引脚给单片机中断信号。无线模块电路如图 5-2-2 所示。

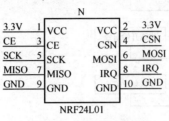

图 5-2-2 无线模块电路

（2）按键电路

采用 4 个按键接至单片机引脚，在主函数采用按键查询法判断按键是否按下。

三、软件系统设计

软件系统设计如图 5-2-3、图 5-2-4、图 5-2-5、图 5-2-6、图 5-2-7 和图 5-2-8 所示。

图 5-2-3 主机主程序 图 5-2-4 主机接收中断函数

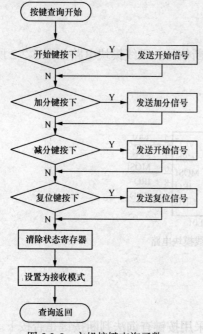

图 5-2-5　主机按键查询函数

图 5-2-6　从机主函数初始化

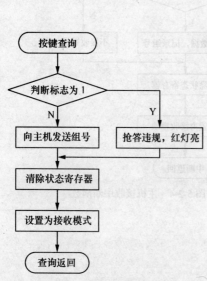

图 5-2-7　从机按键查询函数

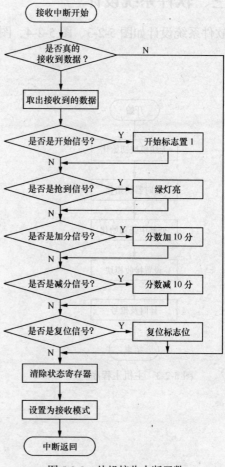

图 5-2-8　从机接收中断函数

四、硬件连接

硬件连接如表 5-2-1 所示。

表 5-2-1 硬件连接

引 脚 名 称	连 接
CE	P1.0
CSN	P1.1
SCK	P1.2
MOSI	P1.3
MISO	P1.4
IRQ	P3.2
开始按键	P1.7
加分按键	P3.6
减分按键	P3.5
复位按键	P1.6

五、实验内容

程序的运行结果如下。

主机按下 start 键后，开始倒计时。从机接收到开始信号后，发送自己的组号给主机。主机将第一个接收到的组号定义为正确抢答到的组，然后将组号显示出来。若答题正确，按 add 键给改组加分；反之，按 dec 键给改组减分。一轮抢答结束后，按 rst 键复位定时器和组号。

［1］求是科技. 单片机典型模块设计实例导航. 北京：人民邮电出版社，2004.

［2］张靖武，周灵彬. 单片机系统的 Proteus 仿真与设计. 北京：电子工业出版社，2007.

［3］郭天详. 51 单片机 C 语言教程. 北京：电子工业出版社，2009.

［4］何利民. 单片机高级教程. 北京：北京航空航天大学出版社，1999.

［5］谭浩强. C 程序设计. 北京：清华大学出版社，1991.